U0274463

航天科工出版基金资助出版

系统可靠性保证工程

刘建同 著

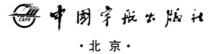 中国宇航出版社

·北京·

图书在版编目（CIP）数据

系统可靠性保证工程/刘建同著. --北京:中国
宇航出版社,2014.11
　　ISBN 978 - 7 - 5159 - 0832 - 8

　　Ⅰ.①系… Ⅱ.①刘… Ⅲ.①航天系统工程-系统可
靠性 Ⅳ.①V57

中国版本图书馆 CIP 数据核字（2014）第 279296 号

责任编辑　马　航　　责任校对　祝延萍　　封面设计　文道思

出　版
发　行　中国宇航出版社
社　址　北京市阜成路 8 号　　　　邮　编　100830
　　　　（010）68768548
网　址　www.caphbook.com
经　销　新华书店
发行部　（010）68371900　　　　（010）88530478(传真)
　　　　（010）68768541　　　　（010）68767294(传真)
零售店　读者服务部　　　　　　　北京宇航文苑
　　　　（010）68371105　　　　（010）62529336
承　印　北京画中画印刷有限公司
版　次　2014 年 11 月第 1 版　　2014 年 11 月第 1 次印刷
规　格　880×1230　　　　　　　开　本　1/32
印　张　6.25　　　　　　　　　　字　数　180 千字
书　号　ISBN 978 - 7 - 5159 - 0832 - 8
定　价　50.00 元

本书如有印装质量问题，可与发行部联系调换

作者简介

刘建同，研究员，1936 年出生于
江苏涟水，1961 年毕业于南京航空学
院火箭发动机专业，分配到国家航天
工业系统工作，长期从事型号质量保
证与系统可靠性的总体设计以及相关
专题研究。先后被聘为航天科工集团
公司多部门和航天三院多型号的专家，
以及水中兵器装备可靠性专家组的特
聘专家。曾获得国防科工委授予国防
科学技术进步一等奖、航天科工集团
公司授予某工程一等功、国务院颁发
的政府特殊津贴和国家科学技术进步一等奖。

作者依据特有的工程阅历所沉积的认知，解读与应用大量相关
标准，针对系统可靠性保证工程常见问题和工作需求，将长期积累
的工程经验、相关论著和讲课教材，整编成为《系统可靠性保证工
程》一书，奉献给从事型号研制的决策、管理和设计的工作人员以
及从事相关研究与教学的专业人员。旨在树立现代质量理念，明确
法治工程途径，掌握实用工作要点，提高系统可靠性保证工程的针
对性和有效性。

序

　　自从全面开展可靠性工程以来，国家发布了一系列相关标准与文件，指导武器装备可靠性工程有效开展。国内可靠性专业人员也编写了大量论著，为可靠性工程奠定了理论和技术基础。型号可靠性保证工程取得了显著的成效和宝贵的经验，为系统可靠性保证工程的持续改进提供了科学发展依据。

　　作者在中国航天科工集团第三总体设计部工作以来，长期从事国家重点型号质量保证与系统可靠性等通用性能的总体设计以及以可靠性为基础的相关通用特性保证的专题研究工作。在几十年的型号研制工程中，逐渐积累了丰富的系统可靠性保证工程经验。

　　作者先后被聘为科工集团多部门和航天三院多型号的专家、院内多单位的技术顾问，以及水中兵器装备可靠性专家组的特聘专家。曾是航天科工集团公司连续三届可靠性专家组的专家，其中还担任一届可靠性专家组的秘书长。

　　作者兼任多专业的总体设计工作并取得优秀业绩，享受国务院颁发的政府特殊津贴，先后获得国家与相关部委的多项奖励，包括科工集团公司授予的高新工程一等功，国防科工委授予的国防科学技术进步一等奖和国务院授予的国家科学技术进步一等奖。

　　作者依据特有的阅历所沉积的工程经验与写作技能，精辟解读与应用大量相关军用标准，在科工集团内外的可靠性评审会、培训班和研讨会上发表的意见、教材与论文，所阐述的型号可靠性保证的现代质量理念、法治工程途径与实用工作要点，得到相关管理部门、型号研制人员的高度认同和广泛欢迎。

　　他在中国航天两大集团联合举办的"第二届中国航天质量论坛"

上，发表《提高型号可靠性工程效果的基本途径》一文，得到质量论坛审稿专家的充分肯定："本文作者根据丰富的阅历和感受，揭示了武器装备研制在可靠性管理、可靠性设计和可靠性验证存在的问题，提出了相应的解决途径。分析深刻，说理正确。"论文被选编在相应论文集中"质量与可靠性工程"的第一篇。

为了奉献五十年认知，了却有生之年的心愿，作者将长期积累的相关论著和讲课教材整编成此书，在阐明质量保证理念和型号可靠性要求的基础上，针对系统可靠性保证工程的常见问题和工作需求，系统论述型号可靠性保证工程的基本理念、工程途径和工作要点。

书中精辟阐述武器装备固有特性的组成分类及其质量保证属性，以及可靠性等通用特性在型号质量中的定位与作用，深刻揭示可靠性要求和相应的定性设计、定量设计与可靠性分析的技术内涵和工程效果，以及对于可靠性验证提供设计过程实施法治证据的必要性。

本书学术思想先进、新颖，内容具体、实用，具有广泛的工程应用价值。相信此书的出版，有助于从事型号研制的决策、管理和设计的工作人员以及相关研究与教学人员，树立现代质量理念，实施法治工程途径，掌握实用工作要点，提高型号可靠性保证工程的针对性和有效性。为此作序，向广大读者推荐此书。

2013 年 6 月 20 日

前　言

可靠性是武器装备的首要质量特性。保证武器装备的可靠性，才能在给定的保障条件下，达到预期的战备完好性和任务成功性，发挥应有的作战使用效能。随着高新技术的飞速进步与战争模式的不断变革，武器装备的功能要求更加先进、系统组成更加复杂、环境条件更加苛刻，因而可靠性保证问题日益突出，型号可靠性保证工程的有效性尤其受到各方高度关注。

为了适应武器装备从"型号有无"发展到"可靠顶用"的迫切需求，本人将长期从事型号总体设计兼做系统可靠性设计与相关专题研究，以及多年可靠性学术交流与培训讲课所积累的相关论著与讲课教材，整编成此书。

本书的基本思路，是依据特有工程阅历所沉积的认知，解读和应用相关军用标准，针对可靠性保证工程的常见问题和工作需求，在明确质量保证理念和型号可靠性要求的基础上，系统论述型号可靠性保证工程中管理、设计与验证的现代质量理念、法治工程途径和实用工作要点。为了全面提高以可靠性为基础的通用性能保证的有效性，进而扩展论述可靠性相关特性的基本要求与设计要点，以及可靠性改进与发展的途径。

全书分为 8 章。第 1 章，阐述质量保证理念，包括质量理念革新、质量特性分析和质量保证途径；第 2 章，解读型号可靠性要求，包括可靠性要求扩展、可靠性定性要求、定量要求与验证要求；第 3 章，论述可靠性策划与管理，包括可靠性策划要点与管理要点；第 4 章，论述可靠性设计与分析，包括可靠性定性设计和定量设计的要点，以及可靠性分析要求及其分析重点，包括硬件 FMECA 工作要点、工艺 FMECA 工作要点和故障树分析要点；第 5 章，论述软件可靠性设计与分析，包括软件可靠性特点、软件可靠性设计和软件可靠性分析；第 6 章，论述可靠性验证与评价，包括可靠性试验要点、评估要点与评价要点；第 7 章，论述可靠性工程的扩展，包括相关特性分析选择、相关特性要求和相关特性设计要点；第 8 章，论述可靠性改进与发展，包括改进的基本要求、技术基础和法治途径，以及标准化工作要点；最后论述可靠性工程发展，包括可靠性设计、试验与管理的发展状况。

本书适用于武器装备各级有"型式与代号"的专项研制产品，为了达到其可靠性要求而开展的系统工程，既可以作型号研制的决策、管理和设计工作人员的可靠性自学课本与培训教材，引导读者树立现代质量理念、实施法治保证途径，掌握实用工作要点，提高系统可靠性保证工程的有效性，也可作为订货代表行使产品可靠性监管职能与高等院校可靠性工程教学的参考书籍。

作者在著作和申报航天科工基金出版过程中，得到海装水中兵器装备可靠性专家组负责人之一、海军工程大学张静远教授、航天科工集团公司可靠性专家组的航天二院二部王冬研究员和航天四院四部彭永红研究员的热情鼓励与大力帮助；在内部申报过程中，得到了设计部的张红文主任、周红丽总师，质量处的陈孝添处长，研究室的付贤旭主任、王旭博士和李娜硕士的热情支持与帮助。尤其荣幸的得到中国航天科工集团公司科技委顾问、中国工程院院士黄瑞松老师的鼎力支持和具体指导，并为本书作序，谨此一并表示衷心感谢。

作　者
2014 年 10 月

目　录

第 1 章 质量保证理念

1.1 质量理念革新

1.1.1 原有质量理念

国际标准化组织在 20 世纪 90 年代发布的质量管理标准，对质量和质量保证的定义，代表了传统的原有质量理念，其定义与内涵分析如下。

（1）质量的定义

旧版质量的定义是：质量是反映实体满足明确和隐含需要的能力的特性总和。它所明确的质量要求与质量好坏的标志，存在笼统而绝对的理念。质量就是产品满足需要的所有特性加在一起，难以理解与操作，容易导致对质量的片面理解，让传统的功能特性成为产品质量特性的全部，将以可靠性等通用特性排在型号性能之外。

（2）质量保证

旧版质量保证的定义是：为了提供足够的信任表明实体能够满足质量要求，而在质量体系中实施并根据需要进行证实的全部有计划和有系统的活动。

该定义明确质量保证的重点是为"具有持续、稳定地提供满足质量要求的产品的能力"提供信任。旧版质量保证要求，对标准的实际应用具有一定的局限性，过多地强调质量体系的符合性，忽视了对产品质量的过程保证和企业整体业绩的提高。导致通过质量体系认证的企业，尽管没有暗箱操作，所需文件品种齐全，如果不管内容和效果，企业对产品形成过程仍会缺少有效的质量保证。

1.1.2　现代质量理念

21世纪初，国家质量管理体系标准机构，根据国际标准化组织发布的 ISO 9000 族 2000 版标准，对质量与质量保证的理念作出重大革新，其中对质量和质量保证的定义与特点以及质量保证必要性概述如下。

（1）质量定义

新版质量定义是"一组固有特性满足要求的程度"。从"特性总和"革新为"固有特性"，科学、明确；从"满足需要的能力"革新为"满足要求的程度"，易于理解，便于操作。

新版质量定义代表了世界顶层质量管理的标准化专家，在本世纪对质量基本理念作出的最重要的顶层革新，其特点如下。

1）动态性。随着科学技术进步和战争模式的演变，对武器装备的使用要求会不断提高，因而质量管理应当不断地得到改进，提高质量无止境。

2）相对性。质量特性是事物本来就有的特性，满足不同需求的武器装备，有不同的特性要求，包括明示的、通常隐含的或必须履行的需要或期望的要求，各种要求都以用户为关注的焦点，满足程度越高质量越好。

3）可操作性。只要明确产品"固有特性"的要求和"满足要求"的途径，产品质量就可以得到有效保证。对于武器装备研制，明确了型号的质量要求和新版满足要求的途径，其质量特性就可以得到有效保证。

（2）质量保证

新版质量保证为"质量保证是质量管理的一部分，致力于提供质量要求会得到满足的信任。"亦即提供型号质量要求会得到满足的证据，以取得用户的信任。

新版质量保证定义，文字精炼，要求具体，强调提供产品"质量要求会得到满足"的证据，而不是旧版强调的"企业质量体系符合性"的证据。

（3）质量保证必要性

质量保证的内涵已经不是单纯为了"保证质量"，保证质量是质量控制的任务，而"质量保证"则是以"保证质量"为基础，进而提供可以"信任"的证据。质量保证理念适应了时代发展的需求。

对于以往结构组成相当简单的产品，提供最终检验或测试的结果，就可以取得用户的信任。不提质量保证要求，也能获得质量要求会得到满足的证据。

对于现代大型复杂系统，产品质量受到设计和生产过程多种复杂随机因素的影响，根据最终检验或试验结果，难以保证型号使用过程满足质量要求，因此用户必须向企业提出"质量保证"要求。只有企业提供了产品设计、生产全过程中的质量活动确实做好的证据，军方才能相信所提供的产品质量会满足全寿命的使用要求。

1.2　质量特性分析

1.2.1　固有特性分类

特性是可以区分的特征，可以是定性的或者是定量的。固有特性是事物本来就有的特性。产品的固有特性通常包括物理特性、功能特性等，其分类方式较多。根据国家军用标准《武器装备论证通用规范》（GJB/Z 20221.6）战术技术指标论证的性能分类，型号的固有特性可以分成特征性能与通用性能两类：

1）特征性能。武器装备特有的性能。如导弹的反应时间、飞行速度、有效射程、突防能力、命中精度、毁伤威力……特征性指标和相关条件所表示的性能。特征性能也称为功能特性或专用性能。

2）通用性能。武器装备都有的性能。包括可靠性、维修性、测试性、安全性、保障性、耐久性、环境适应性、标准符合性等通用性指标和相关条件所表示的性能。通用性能也称为专门特性。

在型号质量保证中，明确固有特性包含"特征性能"和"通用性能"，采用这一对集合术语，可以深化对固有质量特性的认识，获得如下效果：

1）概念清楚。将以可靠性为基础的"通用性能"正式融入型号的固有特性之内，防止出现在研试文件中常见的习惯性概念错误。将可靠性等通用性能列入型号的战术技术性能之内，有利于通用性能与特征性能同步论证、同步设计与验证。

2）使用方便。可以简化对可靠性、维修性等性能保证的叙述，避免采用"三性"、"五性"等概念含糊且不全面的称谓。在型号研制中，如果在"编制通用性能保证大纲"、"重视通用性能设计质量"等项目标题下，再列出具体要求，这样就既明确又全面。

1.2.2　固有特性分析

在型号质量的固有特性中，特征性能与通用性能具有不同的质量定位、技术基础和保证属性，具体表现如下。

（1）特征性能

特征性能是型号有无的必要条件，它以功能原理为基础，是从学校到岗位已经熟悉的性能。武器装备从论证、方案、工程研制到设计定型，经过有效的设计分析验证到一系列产品试验验证，功能原理问题基本都可以被发现并且得到纠正。因而按照传统的研制程序，特征性能能够有效保证，因而型号的特征性能保证具有必然性。

（2）通用性能

通用性能是型号好坏的必要条件，它以数理统计为基础，是从国外引进的质量理念。在高校的专业课教学中，极少能在学习产品功能原理设计的同时学会以可靠性为基础的通用性能设计。在传统的研制程序中，只能在有限数量和有限条件下进行有限的验证试验，难以暴露产品全寿命期存在的随机因素所诱发的潜在故障。按照传统的研制流程，通用性能难以得到有效保证。因而型号的通用性能保证具有随机性。

牢固树立通用性能以数理统计为基础和通用性能保证带有随机性的理念，就不会满足于有限条件和有限数量的试验成功。为了保证型号全寿命期的使用可靠性，必须按照现代质量理念，对型号研制过程尤其是设计过程，实施切实有效的可靠性保证工程。

1.2.3　质量特性扩展

根据现代质量对型号固有特性的全面要求，型号研制质量要求必须从旧有的设计定型的特征性能扩展到全寿命周期的使用效能，再进一步扩展到计及经济效益的效费比，具体要求阐述如下。

（1）从性能扩展到效能

效能的通用定义是，系统在规定的条件下和规定的时间内，满足一组特定任务要求的程度。武器装备的效能取决于可用性、可信性和固有能力，常用的表达式为

$$E = f(A, D, C) = A \cdot D \cdot C \qquad (1-1)$$

式中　E——效能；

　　　　A——可用性，产品在需要时处于可工作状态的能力；

　　　　D——可信性，产品在需用时能执行规定任务的能力；

　　　　C——固有能力，产品满足规定运行特性的自身能力。

前航天部质量司的何国伟总工程师，曾将可用性、可信性和固有能力形象地比喻成毛泽东主席提出的民兵"三原则"：可用性是召之即来，可信性是来之能战，固有能力是战之能胜。这些比喻深入浅出，通俗易懂。

其中可用性表征战备完好性，可信性表征任务成功性，它们都取决于以可靠性为基础的通用性能，只有固有能力取决于特征性能。可见可靠性是武器装备固有的首要质量特性。以可靠性为基础的通用性能是决定武器装备效能的主要因素，必须与特征性能同等要求、同步保证。

（2）从效能扩展到效费比

现代质量要求武器装备在尽可能低的费用条件下获得高效能，

也就是要有尽可能高的效费比。效费比是指费用的有效性，通常是武器装备效能与寿命周期费用的等效年金之比，即

$$\eta = E/A_c \qquad\qquad (1-2)$$

式中　η——效费比；

　　　E——效能；

　　　A_c——寿命周期费用的等效年金。

国外相关资料对武器装备全寿命费用影响的统计表明，在研制过程的早期阶段，设计质量对全寿命总费用具有决定性影响。论证阶段决定了总费用的 70%，到方案阶段决定了总费用的 85%，到工程研制阶段就决定了总费用的 95%，可见越是早期设计质量影响越大。

因此从武器装备的论证开始，就要拟定合理的作战使用需求，优化选择系统配套方案，充分考虑使用与维修保障需求，尤其要通过系统的保障性分析，选择合理的保障方案，确定经济有效的保障资源，提高型号的效能与效费比。

型号典型的固有特性相互之间关系，见图 1-1。

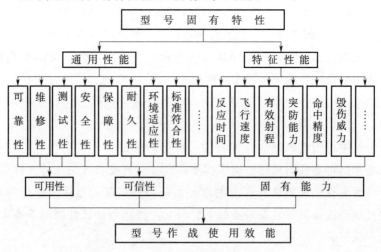

图 1-1　型号典型的固有特性关系图

1.3 质量保证途径

1.3.1 质量保证要求

原国家国防科工委在 20 世纪 80 年代发布武器装备质量管理条例时，就明确提出"一次成功，系统管理，预防为主，实行法治"的质量管理宗旨，也是对型号研制提出质量保证的基本要求。

对于大型系统工程的管理，历来存在"试错法"与"系统法"、"人治"与"法治"这两对相反的运作模式，对于各种管理方法的要点阐述如下。

（1）试错法

试错法以试验有无问题作为管理决策的依据，实行"问题管理，试验为主"。对于大型复杂产品、有限条件和有限数量的研制试验，试错法难以充分暴露随机因素导致的故障问题，具有严重的盲目性。

（2）系统法

系统法对型号研制质量管理体系进行系统分析、系统策划和系统管理。其中系统分析和系统策划的重点是明确影响产品质量的关键过程，并规定其运作方法和程序。在系统分析与策划的基础上实施系统管理，有效防范风险，实现预防为主。

（3）人治

人治即依靠人的能力进行分析、判断、决策和治理。在型号研制中，典型的"人治"是完全依靠个人的经验对产品进行设计、校对和审核，不受相关标准和规范的约束，时常出现因人而异的低水平重复性故障，难以有效保证产品质量。

（4）法治

法治是遵照相关法规进行分析、判断、决策和治理的管理过程。在型号研制中，采用规范化、标准化的质量保证模式，对输入转化为输出的过程实施法治化管理，杜绝人的随意性。

人类社会发展的大趋势是从"人治"走向"法治"，国家法律、行业标准和企业规范，都是用于约束人类行为或产品质量，保证社会有序、高效地运行。

为了实现"一次成功"的目标，在型号研制过程中，必须防止"问题管理、试验为主和依靠人治"导致"多次返工"的偏向，避免依靠反复试验暴露问题以纠正低劣设计，切实有效地贯彻将"系统管理、预防为主、实行法治"，作为"提供质量要求会得到满足"的证据，才能取得用户的信任。

1.3.2　质量保证证据

质量保证，就是要提供质量要求会得到满足的证据，才能取得用户的信任。在型号研制中，大型试验进场之前或是产品定型审查之前，通常都要提出质量分析报告，作为保证试验"一次成功"或质量要求会得到满足的依据。现将常见的传统证据与现代证据对比分析如下。

（1）传统质量保证的证据

在质量报告分析中，常见的有效证据就是研制试验无故障或者所有故障均已归零。提供了这样的证据，就可以进入试验场或通过定型审查。无数实践反复证明，相信有限的试验证据，不考虑设计过程的质量保证，是长期存在的认识误区，其原因如下。

1）违背了概率论。概率论是研究随机现象量的规律性学科。影响产品质量的复杂因素都是随机分布的。如果在罐子里装了很多白球和一些黑球，从中随手摸出几个都是白球，就不能认为罐中没有黑球；或者从中随手摸出几个黑球，更不能认为罐中不再有黑球。如此明白的概率论原理，应当在工程中得到普遍的理解与应用。

2）误解了可靠性。可靠性是特定置信度下的概率值度量。如果要求置信度为 0.80，需要有连续 160 次相同状态无故障试验的证据，才能验证可靠度达到 0.99。只能证明"百无一失"，距离"万无一失"还差很远。普通研制试验最多有 30 次到 50 次，难以暴露全寿命随机因素导致的故障问题，有限研制试验结果不能作为达到可靠性要求的证据。

（2）现代质量保证的证据

由于产品质量的影响因素存在于形成过程的每一环节，现代质量保证必须提供产品形成全过程质量受控的证据，尤其是提供产品设计过程实施法治化的证据，才能让用户相信产品质量会满足使用要求。

过程控制是现代质量管理的基本途径。人们进入未经卫生认证的饭馆用餐，对于服务员端上来的饭菜，只凭最终的"色香味"，还不能一口肯定是好饭菜，很可能所用原料的农药超标，或是厨师制作过程不讲卫生。在型号研制中，依靠有限条件和有限数量的最终试验，不能保证全寿命功能可靠。

1.3.3　质量保证途径

（1）标准体系要求

按照现代质量理念，型号研制过程必须推行标准化、法治化管理，将企业运营中重复性事物和概念，制定成统一的标准，并按其内在联系形成科学的有机整体，建立完善的标准体系，实施切实有效的法治保证。

国家标准化法和相关管理标准明确规定：企业为有效实现确定的目标，应将重复性事物和概念制定成统一的标准，建立完整的标准体系，包括技术标准体系、管理标准体系和工作标准体系，分别对应企业技术、管理与工作领域需要统一的事项所制定的标准。

（2）标准体系问题

（a）技术标准体系问题

常见的技术标准是设计规范、工艺规范和试验规范，主要偏重于型号特征性能保证的标准，质量与可靠性等通用性能保证的标准还比较少，需要继续补充和完善。

（b）管理标准体系问题

目前符合标准化要求的管理标准还很少，主要依靠"红头文件"和"质量管理体系文件"进行企业运营与型号研制管理。这类文件没有经过标准制定所要求的严格程序，难以代表企业所在领域的集体智慧，带有一定的人治烙印，需要按照国家标准要求，系统修订成完善的企业管理标准。

（c）工作标准体系问题

目前符合标准化要求的工作标准几乎没有，主要依靠年长职工的"言传身教"带领年轻职工履行岗位职能，滞留在师傅带徒弟的作坊式工作方式。年轻一代要从模仿、复制开始，经过长期摸索才能胜任工作。

（3）质量保证要点

（a）强化过程保证

历史上受尽了列强屈辱的中华民族，如今走上了伟大的复兴之路，迫切需要富国强军，因而对型号研制过程的曲折反复很少计较。型号质量取决于产品形成过程的各种影响因素，必须强化型号研制过程各环节的质量保证。

（b）重在预防为主

牢固树立现代质量理念，深刻认识可靠性是武器装备的首要质量特性。按照传统研制程序，依靠有限条件和有限数量的试验，难以有效保证型号全寿命质量可靠。必须实行预防为主，尤其对设计过程实行规范化的质量保证。

（c）全员推行法治

面对几千年"人治"的阴影，要克服根深蒂固、无处不在的影响，推行"法治"的难度很大。需要型号研制全体人员怀着敬畏心、报国情，以富国强军为己任，主动学习、应用标准，并且不断总结经验与教训，编修岗位、专业与企业的标准，逐步完善标准体系，彻底根除因人而异的低水平设计，切实保证以可靠性为基础的型号研制质量。

（d）落实工作标准

工作标准是对岗位职责、要求、方法、技能、检查、考核等重复性事物与概念编制成的统一标准。有了完善的工作标准，技术标准和管理标准才能得到有效实施，型号研制质量才能得到切实有效的保证。工作标准是企业智慧的结晶和经验的总结与升华，是企业可持续发展最可宝贵的资源。

参 考 文 献

[1]　ISO 8402—1994. 质量管理和质量保证：术语.

[2]　ISO 9000—2000. 质量管理体系：基础和术语.

[3]　GB/T 15496—2003. 企业标准体系：要求.

[4]　GJB 1406A—2006. 产品质量保证大纲要求.

[5]　GJB 9000B—2009. 质量管理体系要求.

[6]　GJB/Z 20221.6—1994. 武器装备论证通用规范：战术技术指标论证.

[7]　肖建华，等. 2000 版质量管理体系国家保证理解与实施 [M]. 北京：中国标准出版社，2001.

第 2 章　型号可靠性要求

2.1　可靠性要求扩展

2.1.1　可靠性要求定位

可靠性要求是武器装备研制要求的重要组成部分，是获得可靠、顶用的武器装备，以实现系统战备完好性和任务成功性的要求、降低保障资源需求、减少寿命周期费用。

型号可靠性要求是可靠性保证工程的基本依据。型号可靠性保证工程就是为了达到规定的可靠性要求所进行的一系列策划与管理、设计与分析、验证与评价的工作。

承制方应当配合订购方进行型号可靠性要求的论证，并将型号可靠性要求从系统向分系统及其组成单元逐层分解，保证型号可靠性要求的合理性、覆盖性和可行性。

2.1.2　原有可靠性要求

以往型号的原有可靠性要求，通常只有任务可靠性要求，缺少基本可靠性要求，没有可靠性定性要求，更没有相应的可靠性验证方法要求，严重影响型号可靠性保证工程的有效性，其相应的影响如下。

1）型号使用维修代价高。缺少基本可靠性要求，导致型号可靠性工作只保证完成任务，不考虑型号使用过程对维修资源以及经费的需求，"只算政治账，不算经济账"，难以降低型号使用维修费用。

2）难以全面保证可靠性。没有可靠性定性要求，可靠性设计工作主要局限于可靠性指标的分配、预计和评估，其结果是，可信度取决于型号的可靠性的工程基础与人员素质，况且评估结果是一定置信度下的概率值，只能做到概略度量，难以全面保证型号可靠性。

3）难以实现"预防为主"。缺少明确的可靠性验证要求，导致可靠性工作的随意性。通常忽视可靠性设计过程的质量保证，主要依靠反复试验暴露问题改进低水平设计，型号可靠性保证难以实现"预防为主"和应有效果。

2.1.3　新版可靠性要求

国家军用标准 GJB 450A《装备可靠性工作通用要求》，总结了型号可靠性保证工程长期积累的经验与教训，针对只有定量要求难以有效保证型号可靠性的严重问题，对武器装备明确提出了全面的可靠性要求，包括可靠性定性要求、可靠性定量要求与可靠性验证要求，其要点如下。

1）可靠性定性要求。定性要求是为了获得可靠的产品，对产品设计、工艺、软件等方面提出的非量化要求，包括采用成熟技术、简化设计、冗余设计、模块化等设计要求，以及有关元器件使用、降额和热设计等方面的要求。

2）可靠性定量要求。定量要求包括基本可靠性要求和任务可靠性要求。基本可靠性是指在规定的条件下和规定的时间内，产品无故障工作的能力。其量值取决于所有寿命单位的所有关联故障，反映产品对维修资源的要求；任务可靠性是指在规定任务剖面内，产品完成规定功能的能力。评定任务可靠性时，只统计影响执行任务的关联故障。

3）可靠性验证要求。验证要求明确提出型号可靠性定性要求、定量要求的验证方法，这样既可以防止提供验证依据的随意性，更可以从设计源头上保证型号可靠性要求，实现"预防为主"。提出有效的验证方法，可以防止在可靠性工程基础薄弱条件下，单纯追究定量要求的符合性而导致的虚假验证，切实保证型号的可靠性要求。

2.2　可靠性定性要求

2.2.1　定性要求分析

可靠性定性要求是指对型号的产品设计过程，从产品的方案策划、功能组成、技术设计、软件设计到元器件选用，全面考虑可靠性需求以约束产品设计，将可靠性设计融合到产品设计中，亦即将可靠性设计到产品中，以全面保证型号可靠性。

国家军用标准增加可靠性定性要求，是对型号的产品设计过程实施法治化控制、强化可靠性保证的重要举措，是实现"预防为主"提高型号固有可靠性的有效措施。在型号可靠性工程基础比较薄弱的条件下，定量要求难以保证，应当重点做好定性要求的保证。

2.2.2　定性要求确定

确定可靠性定性要求，应当根据标准规定的通用要求，参照相似产品，结合型号特点及其研制约束条件，依次确定型号和各级组成单元的可靠性定性要求，其要点如下。

（1）采用成熟技术

采用成熟技术是保证型号可靠性的首要条件。应在广泛收集相关信息、充分了解相似产品的基础上，从型号方案设计到产品技术设计都要尽可能采用成熟技术。尤其要从系列产品中选择通用产品进行组合设计，充分继承已有的成熟技术和定型产品，从而奠定型号可靠性保证的技术基础。

（2）采用简化设计

采用简化设计是保证产品可靠性的重要措施。应在保证产品功能特性要求的前提下，广泛选用标准件和通用件进行组合设计，尽可能减少型号组成单元的品种、规格和数量。

（3）采用冗余设计

采用冗余设计是提高产品关键单元可靠性的常用方法。对于地面设备常用的备份设计，虽然保证了任务可靠性，但又降低了基本可靠性。设计人员应进行权衡分析，优化产品设计。

（4）软件设计

软件设计也应参照硬件设计，采用成熟技术、简化、冗余、防错、避错、查错、容错等设计方法，消除或减少软件差错，保证软件设计可靠性。

（5）工艺设计

工艺设计应当优先采用成熟的工艺方案和通用的标准工艺，对于特殊产品采用的新工艺也应尽量采用标准的工艺程序与工艺装备进行组合设计，减少工艺缺陷，提高产品制造可靠性。

（6）元器件使用

元器件是保证产品可靠性的基础。应在熟悉元器件使用的相关标准、成功经验与失败教训的基础上，根据产品特点合理选择元器件并采用适当的降额设计、热设计以及环境防护设计。

2.2.3　型号使用历程

订购方在提出型号研制要求时，应当明确型号在使用过程中需要经历的勤务操作与作战使用的相关事件及其相应环境条件，也可将其视为可靠性定性要求的组成部分。

型号总体单位也可通过调查研究，并参照相似型号确定使用历程，编制型号使用环境技术条件，作为型号可靠性设计、分析与验证的依据。

使用历程分为寿命历程和任务历程，标准称为寿命剖面和任务剖面，其内容要求如下。

（1）寿命剖面

寿命剖面是指从型号交付使用到寿命终结或退出使用的寿命期间内，所经历的全部事件和环境的时序描述。表明型号在寿命期间要经历的事件（如装卸、运输、贮存、检测、维修、战备部署、执行任务等）以及每一事件的顺序、持续时间、环境条件、所处状态或工作方式。

（2）任务剖面

任务剖面是型号在完成规定任务期间所经历的全部事件和环境的时序描述。在任务剖面中，应当尽可能明确型号的工作状态、持续时间、维修要求、所处环境的时间与顺序、任务成功或严重故障的定义等。一般型号可能有多个任务剖面，如执行战备值班任务、作战演练任务等。

2.3　可靠性定量要求

2.3.1　定量要求的分类

可靠性定量要求通常分为基本可靠性、任务可靠性和耐久性三类，其区分要点如下。

（1）基本可靠性要求

基本可靠性是指在规定的条件下和规定的时间内，产品无故障工作的能力。其量值取决于所有寿命单位的所有关联故障，反映产品对维修资源的要求。

在以前型号的可靠性要求中，通常缺少基本可靠性要求，不能有效控制型号对维修资源的需求，会增加型号的使用费用，违背了可靠性保证工程的基本目标。

（2）任务可靠性要求

任务可靠性是指在规定任务剖面内，产品完成规定功能的能力。评定任务可靠性时，只统计影响执行任务的关联故障。

任务可靠性通常包括战备任务可靠性和作战任务可靠性，分别反映在战备和作战条件下及其任务时间内完成相应功能的能力。其中战备功能主要包括作战前的检测和作战准备，其任务时间应从执行战备指令开始，持续到执行作战任务开始且不可逆转的瞬间。

（3）耐久性要求

耐久性是指型号在规定的贮存、维修和使用条件下，达到极限状态之前完成规定功能的能力，耐久性的特征参数有可靠寿命、使用寿命和贮存寿命，其特点如下。

1）可靠寿命。可靠寿命是型号保持规定可靠性要求的寿命单位。通常以"在规定的仓库贮存条件下，未经维修保持规定的检测可靠性要求所允许的周期"表示，属于仓库储存可靠性。在使用中，可靠寿命还有以"在战备值班条件下，未经维修能保持规定的检测可靠性要求所允许的周期表示，属于战备贮存可靠性。

2）使用寿命。使用寿命是型号在规定的使用条件（包括环境条件、工作条件和维修条件）下，保持规定可靠性要求的寿命单位（常用年限）。

3）贮存寿命。贮存寿命是型号在贮存条件下，保持规定可靠性要求的寿命单位（常用年限）。贮存寿命与贮存可靠性的根本区别在于维修条件。贮存寿命是型号在允许维修条件下保持规定功能的能力，贮存可靠性是型号在不经维修条件下保持规定功能的能力。

2.3.2　可靠性参数分类

可靠性定量要求，是由可靠性参数和指标组成。根据装备的任务需求和研制要求，可靠性参数通常分为使用参数和合同参数，其区分如下。

（1）使用参数

使用参数是反映装备任务需求在使用条件下的可靠性参数，其要求的量值为可靠性使用指标，受产品设计、制造、安装、环境、使用、维修等因素的综合影响。

同使用可靠性相对应的是固有可靠性，它是产品在理想的使用和保障条件下所表现的可靠性。固有可靠性是由设计和制造赋予产品的可靠性。

可靠性使用参数的指标分为目标值和门限值。

1）目标值。目标值是用户期望装备达到的可靠性指标，在论证过程由最佳消费比导出，是确定规定值的依据。

2）门限值。门限值是装备满足使用要求必须达到的最低可靠性指标，在论证过程由任务成功性导出，是确定门限值的依据。

（2）合同参数

合同参数是装备在研制要求或订货合同中规定的特性参数，其要求的量值称为可靠性合同指标，受规定的考核或验证要求与条件的影响。

可靠性合同参数的指标分为规定值和最低可接受值。

1）规定值。规定值是装备研制要求或订货合同中期望达到的可靠性指标，是承制方进行可靠性设计的依据。

2）最低可接受值。最低可接受值是装备研制要求或订货合同中规定的必须达到的最低可靠性指标，是定型考核或验证的依据。

2.3.3　可靠性常用参数

型号可靠性常用参数有基本可靠性参数、任务可靠性参数与耐久性参数，其定义与常用换算关系如下。

（1）基本可靠性参数

在型号可靠性保证工程中，基本可靠性常用参数有平均故障率、平均故障间隔时间，其定义如下。

（a）平均故障率 λ

平均故障率是电子设备的基本可靠性参数，电子元器件的故障率又称为失效率，是在规定条件下和规定时间内，产品的故障总数与寿命单位总数之比

$$\lambda = r / T \quad （单位:1/\text{h}） \quad\quad\quad (2-1)$$

式中　r——产品的故障总数；

　　　T——产品常用的寿命单位。

（b）平均故障间隔时间 MTBF

平均故障间隔时间通常作为电子设备平均故障率的基本可靠性参数，是在规定条件下和规定时间内，产品的寿命单位总数与故障

总数之比，即平均故障率的倒数

$$MTBF = T/r = 1/\lambda \quad (单位：h) \qquad (2-2)$$

对于可修复产品，平均故障间隔时间是相邻故障间的工作时间的平均值。

（2）任务可靠性参数

任务可靠性常用参数有任务可靠度、平均严重故障间隔时间，其定义如下。

（a）任务可靠度 R

任务可靠度通常作为系统总体或非电产品的任务可靠性参数，是可靠性的概率度量。其度量值为产品严重故障前时间大于工作时间的概率，即

$$R = P(\xi > t) \qquad (2-3)$$

式中　ξ——产品严重故障前时间；

　　　t——产品工作时间。

（b）平均严重故障间隔时间 MTBCF

平均严重故障间隔时间通常作为电子设备的任务可靠性参数，是在规定条件下和规定时间内，产品的寿命单位总数（常用时间 T）与严重故障总数 F 之比。

$$MTBCF = T/F \qquad (2-4)$$

式中　T——产品的寿命单位总数（常用时间 h）；

　　　F——产品的严重故障总数。

（3）耐久性参数

在型号研制中，常用的耐久性参数有可靠寿命、使用寿命和贮存寿命，其定义如下。

（a）可靠寿命

可靠寿命是指给定可靠度所对应的寿命单位数，如工作时间、循环次数和（或）日历持续时间等。

（b）使用寿命

使用寿命是指产品在规定的使用条件下，具有可接受的故障率

的故障时间区间。

（c）贮存寿命

贮存寿命是指产品在规定的贮存条件下，能满足规定要求的贮存时间

（4）常用参数换算关系式

电子产品在寿命周期内典型的故障率随时间变化的规律——故障率曲线类似于浴盆的剖面曲线，故又称为浴盆曲线，电子产品典型的故障率曲线如图 2-1 所示。

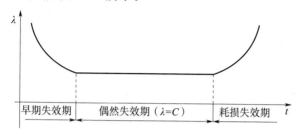

图 2-1　电子产品典型的故障率曲线

在故障率 λ 为常数 C 的偶然失效期内，可靠度与故障率符合如下的换算关系式

$$R = e^{-\lambda T} \tag{2-5}$$

式中　T——任务时间，只与产品一次连续执行任务的时间相关，同以前执行任务时间无直接关系，称为电子产品可靠性的无记忆性。

2.3.4 定量要求的确定

（1）定量要求确定原则

确定型号可靠性定量要求，应当遵循下列基本原则。

1）全面考虑使用要求、费用、进度、技术水平及相似产品的可靠性水平；

2）在满足使用需求的前提下，尽可能减少型号可靠性定量要求的项目；

3）基本可靠性要求由战备完好性导出，任务可靠性由任务成功性导出；

4）可靠性定量要求应当有相应的验证方法，防止承制方提供证据的随意性。

（2）定量要求确定程序

确定型号可靠性定量要求应当经过初定到确定的过程，一般程序如下。

1）在型号立项论证阶段，根据作战使用的任务需求，经过技术与经济的可行性分析，提出初步的可靠性参数及其使用要求；

2）在型号研制总要求的综合论证过程中，应权衡、协调可靠性与维修性要求，以合理的周期费用满足系统战备完好性和任务成功性要求；

3）在方案阶段结束前，应确定可靠性使用要求的目标值和门限值，并将使用要求逐步分解细化，转换成可靠性合同要求的规定值和最低可接受值；

4）由于战备完好性受到诸多与保障有关的设计因素影响，保障资源的配备也与管理相关，因此确定基本可靠性需经历反复分析与迭代过程才能完成。

（3）定量指标确定要点

确定型号可靠性定量要求应掌握如下要点。

1）对比分析。对装备进行作战使用研究，同历代相似装备进行比较分析，获取平时和战时与可靠性、维修性、保障性有关的使用与保障数据。

2）逐步分解。通过综合权衡赋予可靠性参数一定的量值，再经过分解分配和转换分析，由综合指标分解到单项指标，再由使用指标转换到合同指标。

3）切实可行。装备的可靠性定量要求，应当在规定的经费、时间与保障条件内可以实现。可靠性定量要求应当定义明确、可度量、可验证，并有明确的验证时机、内容、条件和方法。

型号常用可靠性参数相互关系，如图 2-2 所示。

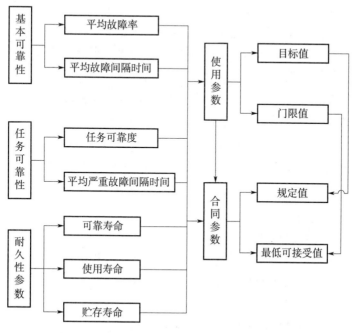

图 2-2　型号常用可靠性参数相互关系图

2.4　可靠性验证要求

2.4.1　可靠性的验证方法

所谓可靠性验证要求，就是要求提供型号研制过程中对产品可靠性实施有效保证的客观证据，这些证据表明对型号规定的可靠性定性要求和定量要求已经得到满足。

国家质量管理标准依据国际标准明确了验证的理念和方法如下。

1）验证理念。验证是通过提供客观证据对规定要求已经得到满足的认定。其中客观证据包括通过观察、测量、试验等方法获得。

2）验证方法。包括变换方法计算，将新设计规范与已验证的类似设计规范进行比较、进行试验和演示以及对发布前的文件进行评审。

可见，验证并不是常用的产品试验，还有一系列对比分析的验证方式。在型号研制过程中，从产品设计到生产都有相应的"规定要求"。因而可靠性验证应当从设计到产品逐步验证。首先进行分析验证——认定设计满足规定要求，再进行产品试验验证。

按照验证要求提供客观证据的性质，可靠性验证方法可以分为定性验证、定量验证和综合评价，其要点如下。

1）定性验证。定性验证属于分析验证，包括对照专用的可靠性设计准则、权衡改进设计的可靠性分析以及可靠性设计评审。

2）定量验证。定量验证包括满足定量要求的可靠性分配预计、产品可靠性试验评定和根据相关信息进行统计分析与评估。

3）综合评价。综合评价在明确产品可靠性定性验证和定量验证项目的基础上，还需要对型号可靠性保证工程提供综合评价的总结报告，作为全面认定型号可靠性保证过程与工程策划及实施计划的符合性证据。

型号可靠性验证项目关系如图 2-3 所示。

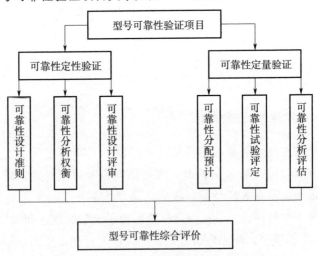

图 2-3　型号可靠性验证项目关系图

2.4.2　定性要求验证要求

型号可靠性定性要求验证方法，应当提供下列文件作为规定要求已经得到满足的证据。

（1）可靠性设计准则

提供产品所属专业专用的可靠性设计准则以及相应的符合性报告，作为从设计源头上保证产品可靠性的客观证据。

（2）可靠性分析权衡

提供产品故障模式、影响及危害性分析报告，作为认定产品设计已经通过可靠性分析权衡与改进设计的客观证据。

（3）可靠性设计评审

提供本单位不同型号相同专业人员的函审记录和质量部门组织的专家会审记录，作为可靠性设计已经通过有效评审的证据。

2.4.3　定量要求验证要求

型号可靠性定量要求验证方法，应当提供下列文件作为定量要求已经得到满足的证据。

（1）可靠性分配与预计报告

提供同研制进度与产品特点相适应的可靠性预计报告，作为可靠性设计满足定量要求的证据。

（2）可靠性验证试验报告

电子产品在研制保障资源允许条件下，应当提供可靠性验证试验报告，作为产品可靠性定量要求得到试验验证的证据。

（3）可靠性分析评估报告

对于难以进行可靠性试验的产品，应当提供依据相关信息统计的可靠性分析评估报告，作为对产品可靠性进行概略度量的证据。

2.4.4　型号综合评价要求

在提供产品可靠性定性验证与定量验证的基础上，还需提供对型号可靠性保证工程进行综合评价的总结报告，作为全面认定型号可靠性保证过程满足规定要求的证据。

综合评价报告，应当包括型号可靠性工作计划中工作项目选择的针对性、实施要求的可行性、关键项目分析与保证措施的有效性。

综合评价重点，应当深入分析产品可靠性设计准则及其符合性报告内容的针对性与有效性、可靠性设计评审中本单位同行专家函审的覆盖性、可靠性验证试验中环境条件的真实性、可靠性评估所用数据与方法的可信性。

参 考 文 献

[1]　GJB 9000B—2009. 质量管理体系要求.

[2]　GJB 450A—2004. 装备可靠性工作通用要求.

[3]　GJB 1909A—2009. 装备可靠性维修性保障性论证要求.

第3章 可靠性策划与管理

3.1 可靠性策划要点

3.1.1 工程策划要求

型号可靠性保证工程从顶层向下逐层策划,是保证达到型号可靠性要求的工程基础。策划的目的在于从系统工程观点出发,确定型号可靠性保证工程的基本途径、型号可靠性要求与可靠性工作项目以及各项可靠性工作的组织、协调与监督要求。

承制方应当配合订购方进行型号可靠性要求的论证与型号可靠性计划的策划,对型号可靠性工作做出全面、合理的安排,明确规定各阶段应当做好的可靠性工作。

根据型号可靠性计划提出的可靠性要求与工作项目要求,承制方应对型号可靠性保证工程进行系统论证和全面策划,按照相关标准要求,结合型号特点,统一确定型号可靠性保证工程的工作项目、实施要求与保障资源。

3.1.2 工程策划原则

型号可靠性保证工程属于大型复杂系统工程,应当遵循"系统管理,预防为主,实行法治"的宗旨,根据相关标准、针对型号要求并结合型号特点进行策划,合理选择可靠性管理、设计与分析、验证与评价的工作项目,明确规定相应的实施要求,制定切实可行的可靠性工作计划。型号可靠性保证工程策划的基本原则如下。

（1）针对性

针对型号技术特点和可靠性工程需求，对相关标准进行剪裁，策划型号可靠性保证工程的总体实施方案，切忌照抄标准或者复制粘贴已有保证大纲与工作计划的文本。

（2）合理性

经过充分的需求论证和对比分析，根据相关标准，结合型号研制的资源条件，合理确定型号可靠性工作项目的实施要求与实施细则。

（3）可行性

根据型号可靠性保证工程的技术基础与型号设计人员的技术素质，选择必要的工作项目，针对产品类型确定切实可行的实施要求，避免"一刀切"。

（4）有效性

切实推行型号可靠性保证工程的法治化管理，保证可靠性设计与产品设计同步完成、同步评审，对产品设计进行有效的权衡与改进，防止出现"两张皮现象"。

（5）协调性

对可靠性相关特性的保证工程进行综合策划，按照维修性与可靠性相互关联、测试性同维修方案相关联、危险部位的可靠性影响安全性、保障性以可靠性与维修性为基础等相关原则，统一协调型号通用性能之间技术要求、工作项目和实施要求。

型号可靠性保证的工作项目及其相互关系，如图 3-1 所示。

3.1.3　制定工作计划

国家军用标准 GJB 450A《装备可靠性工作通用要求》，总结了武器装备可靠性保证工程长期积累的经验与教训，明确要求制定切实可行的可靠性工作计划，不再要求编制型号可靠性保证大纲。

可靠性工作计划作为型号可靠性管理的基本文件，也是承制单位对型号可靠性工作进行组织、指挥、协调、检查和控制的根本依

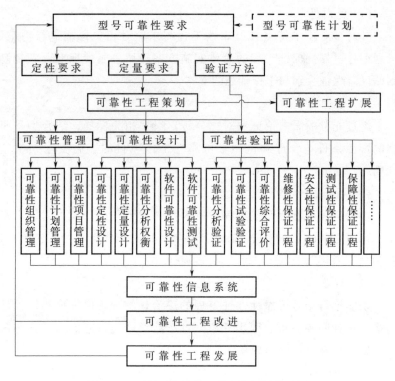

图 3-1　型号可靠性保证的工作项目关系图

据，反映研制单位对可靠性要求的保证能力和重视程度。

　　为了对型号可靠性保证工程实施有效的管理、设计与验证，型号与分系统的顶层设计人员，应当根据型号相关要求，结合工程基础和约束条件，负责制定切实可行的可靠性工作计划。型号质量部门的主管人员协助确定可靠性管理项目与保障资源，并组织工作计划评审与会签。

　　型号可靠性工作计划的内容，应当在明确可靠性要求的基础上，明确可靠性管理、设计与分析、验证与评价的工作项目与相应的实施要求，并明确规定下列项目与要求：

　　1）工作项目实施细则，包含每一工作项目的目的、内容、范围、实施程序、完成形式和检查方式；

2）可靠性管理与实施机构及其职责和保障资源（含人力、经费）的配备；

3）可靠性信息收集、传递、处理的方式与途径；

4）可靠性工作进度及其与型号研制总计划的协调；

5）可靠性评审与产品设计同步评审的计划；

6）可靠性关键问题及其影响、解决方法或途径。

型号可靠性工作计划应当实施动态管理，在型号方案阶段制定可靠性工作计划，随着研制工作的逐步深入再逐步修订和完善，切忌"一成不变"。

实施可靠性工作计划的关键在于人力资源保障。型号设计人员必须成为可靠性工作的主体，由经验丰富的资深设计人员负责可靠性设计，并具有相应的设计技能、保障条件和激励机制。可靠性专业人员应当只负责技术支援与监督，切忌包办代替。

3.2　可靠性管理要点

3.2.1　人员配备要点

资源配备是保证型号可靠性工作计划得以实施的基础保障，包括所需的组织、人员和经费的配备，其中重点在于人员的素质保证与岗位分工，其要点如下。

（1）人员素质保证

型号研制人员对可靠性保证工程的素质保证主要依靠在职技术培训，掌握必要的基本理念、工程途径与工作要点，方能胜任岗位的可靠性工作。

可靠性技术培训，必须革除自愿报名、自由出入的传统"科普"模式，应当采用分层次进行全员轮训，实施封闭授课、取证上岗的强制性培训模式，切实保证型号研制人员的素质需求。

（2）人员岗位分工

型号各级产品主管设计人员必须成为可靠性工作的主体，在产品设计的同时完成可靠性设计。决不能由少数人"包办"可靠性工作，可靠性专业人员应当负责可靠性工作的技术支援与审查会签。

3.2.2　外协管理要点

武器装备研制需要多单位、跨行业的广泛协作，外协管理系指承制方对承担型号专用产品研制的转承方实施监督与控制。由于不同单位存在各种差异，外协管理常是型号可靠性保证的薄弱环节。型号试验中的致命故障时常出现在外协产品中。预防外协管理问题，掌握外协管理要点，切实做好外协管理成为当务之急，其中要点如下。

（1）预防外协管理问题

对于外协单位的资质考察，多限于一般的质量管理体系的认证情况，对产品质量保证的具体能力缺乏深入了解。对外协产品的质量保证要求，偏重于产品的最终检验与试验，强调下厂验收和入厂复验，忽视对外协产品质量的过程控制要求。

（2）掌握外协管理要点

按照"预防为主，实行法治"的要求，对外协产品提出明细的输入、输出与设计过程质量保证要求。在外协产品研制要求中，必须提出全面的可靠性要求，包括可靠性定性与定量要求及验证方法，外协产品的设计评审，必须提供专用的可靠性设计准则与相应的符合性报告。

3.2.3　评审管理要点

在型号研制过程，对于产品质量和质量保证工作需要进行全面与系统审查。设置一系列的质量评审项目，是为了获取规定要求已经得到满足的客观证据，作为验证的重要方式。

设计评审，是为了确定达到规定设计目标的适宜性、充分性和有效性，属于在型号研制过程决策的关键时刻，全面、系统地审查输出满足输入要求的程度，发现设计中存在的缺陷和薄弱环节，提出改进措施建议，加速设计成熟，降低决策风险。

可靠性设计评审是型号质量保证的关键环节，应当通过函审、会审形式，借助内外同行专家和相关单位代表的智慧，发现与纠正可靠性设计问题。

为了保证可靠性设计评审的有效性，必须纠正常见的评审管理问题，掌握评审管理要点，具体内容阐述如下。

（1）纠正评审管理问题

在可靠性设计评审中，需要纠正如下管理问题。

（a）评审形式问题

通常以邀请外部专家和相关代表进行会审为主，总以为"外来的和尚会念经"，很少邀请本单位的同行专家，更没有利用内部网络提前安排函审，产品的设计质量很可能局限于某一型号中的某一专业的技术水平上。

（b）评审资料问题

通常只有可靠性分配、预计与分析报告，以及单位或型号通用的可靠性设计准则，没有标准规定的专用可靠性设计准则及其符合性报告。缺少针对性的可靠性设计准则难以保证设计的有效性。

（c）评审时机问题

通常在产品设计图样"已经限期下厂投产"之后才单独组织可靠性设计评审，没有与产品设计以及其余通用性能设计同步评审，不能获得综合权衡与改进产品设计的效果，难免出现可靠性设计评审"走过场"。

（2）掌握评审管理要点

为了保证可靠性设计评审的有效性，必须掌握下列设计评审管理要点。

（a）评审形式的覆盖性

对于以功能原理为基础的产品设计评审，采用以往会审与提供的设计资料，可以判断设计的有效性；对于以数理统计为基础的可靠性设计评审，必须利用内部网络进行函审，充分发挥本单位同行专家的智慧，保证产品设计代表团队技术水平。

为了激励本单位不同型号相同专业人员认真参与函审，应将函审反馈意见的技术水平作为业绩考核和职称评定的重要依据。

（b）评审资料的有效性

可靠性设计评审的资料必须包括可靠性定性设计与定量设计的全部资料，为验证设计满足规定可靠性要求提供充分的证据。其中验证定量设计满足要求的有效证据必须是产品专用的可靠性设计准则及其相应的符合性报告。

（c）评审时机的同步性

可靠性定性要求同产品设计密切相关，包括从方案策划、技术设计到元器件选择的全部过程，可靠性预计的重要目的在于验证产品方案设计和元器件选用的合理性。

为了对产品固有特性设计获得综合权衡与全面改进产品设计的最佳效果，可靠性设计应当尽可能与产品设计以及其余通用性能设计进行同时评审。

即使对可靠性安排专项设计评审，也必须在产品图样下厂投产之前完成，并将可靠性设计与分析中提出的权衡与改进设计的要求跟踪反馈到产品设计中，保持评审时机的同步性。

3.2.4　信息管理要点

以数理统计为理论基础的型号可靠性保证工程，必须通过历代各级产品全寿命可靠性信息的收集、处理与反馈，才能实现型号可靠性的持续改进与科学发展，切实有效的可靠性信息管理势在必行。可靠性信息管理的任务与要点如下。

（1）信息管理任务

可靠性信息管理的主要任务，是建立由人员、机构以及配套设备、软件等组成的可靠性信息系统，对型号论证、研制、生产和使用过程各层次产品的可靠性相关信息的收集、处理与使用进行计划、组织与控制。

（2）信息管理要点

针对可靠性信息管理中出现的常见问题，必须掌握如下要点。

（a）信息渠道畅通

承制方与使用方共同制定可靠性信息收集、处理和使用的程序与要求，尤其要按照国家军用标准 GJB 3870《武器装备使用过程信息反馈管理》规定，与军方质量管理部门、军事代表及使用部队的各级质量信息组织切实沟通，保证型号使用过程的可靠性信息收集与反馈的及时性与覆盖性。

（b）信息收集齐全

型号使用可靠性信息涉及的范围广、收集的难度大，必须按照全系统全寿命原则，实行集中领导、统筹规划、分级管理、落实到位。尽可能地将同型号的质量及其余通用性能的信息同步收集与反馈，建成以历代型号各级产品可靠性为基础的质量信息的数据库，确保信息的系统性、完整性、准确性、及时性、规范性、安全性和可追溯性。

（c）信息反馈到位

可靠性信息的收集与处理的最终目的是为研制、生产与使用者提供决策依据，尤其要经过统计分析评估型号使用可靠性，并将经验教训转化为指导可靠性设计的准则，实现型号可靠性信息的闭环管理，保证可靠性的持续改进与科学发展。

参 考 文 献

[1]　GJB 450A－2004. 装备可靠性工作通用要求 .

[2]　GJB 907A－2006. 产品质量评审 .

[3]　GJB 1310A－2004. 设计评审 .

[4]　GJB 1686－2005. 装备质量信息管理通用要求 .

[5]　GJB 3870－1999. 武器装备使用过程质量信息反馈管理 .

[6]　GJB/Z 72 －1995. 可靠性维修性评审指南 .

[7]　GJB 1405A－2006. 装备质量管理术语 .

[8]　GJB 1406A－2006. 产品质量保证大纲要求 .

[9]　QJ 2171A－1998. 航天产品保证要求 .

第4章　可靠性设计与分析

4.1　可靠性定性设计

4.1.1　定性设计依据

国家军用标准《装备可靠性工作通用要求》，汲取了武器装备可靠性工作长期积累的经验与教训，明确规定在型号可靠性要求中，保证有可靠性定性要求，并规定在可靠性定性要求中有相应的设计工作项目——制定专用的可靠性设计准则及其相应的实施要求，这就为型号可靠性的定性设计提供了明确的依据。可靠性定性要求和设计准则要求如下。

（1）可靠性定性要求

可靠性定性要求是为了获得可靠的产品而对产品设计、工艺、软件等方面提出的非量化要求，包括采用成熟技术、简化设计、冗余设计、模块化等设计要求，以及有关元器件使用、降额和热设计等方面的要求。

（2）设计准则要求

为了落实可靠性定性要求，型号承制单位必须按照标准要求，制定型号各专业专用的可靠性设计准则，用以规范产品设计。在完成设计的同时，还要编写设计准则符合性报告，作为设计评审的依据，保证可靠性设计准则的针对性与有效性。

4.1.2　准则制定要点

（1）准则的主要内容和制定要求

（a）准则主要内容

标准规定了可靠性设计准则的主要内容，包括采用成熟技术和工艺，进行简化设计，合理选择和正确使用元器件、零部件和原材料，采用降额设计、容错、冗余和防差错设计、电路容差设计、防瞬态过应力设计、热设计、环境防护设计、人素工程设计、软件可靠性设计。

（b）准则制定要求

在编制可靠性设计准则时，要参照相关标准、手册，深入总结本专业在型号研制、生产和使用中积累的工程经验和教训，结合产品性质和特点，合理选择专用设计准则的编写项目。同时考虑技术继承性、成熟性和标准化原则，将可靠性定性设计的通用技术，转化为设计人员可具体操作的设计条例，用以指导产品设计。

（2）编制工作要点

在方案阶段，型号总体可靠性策划者应当提出配套的可靠性设计准则体系、准则编写程序和要求，指导各专业主管设计人员编写专用的可靠性设计准则。

针对可靠性设计准则中常见的共性问题，提出如下编制要求。

（a）参照相关标准准则

国家军用标准与航天行业标准，已经对电子产品可靠性设计与热设计、元器件降额设计以及软件可靠性设计，制订了一系列通用准则，是相关领域顶层专家宝贵经验的结晶。应当广泛参照相关标准内容，结合本专业产品特点，将通用准则转化为本专业的设计准则。

（b）广泛深入调查研究

对于以数理统计为基础的可靠性设计，需要大量的信息积累，必须充分总结本专业的经验教训并将其转化为指导产品设计的条例。

因而编好设计准则的技术基础是广泛深入的调查研究，要通过网络检索、档案查阅、前人走访等多种途径，广泛深入收集内外相似产品可靠性设计的经验与教训，并编写调查报告，总结调研目的、调研范围、调研过程与信息梳理，对每一信息来源的可用信息进行总结与归纳，作为编制准则的基本依据。

（3）遵循标准制定程序

严格遵循企业标准制定程序，在调查研究的基础上，依次编写可靠性设计准则的初稿、征求意见稿、报审稿和报批稿。首先充分利用内部网络进行函审，广泛征求本单位不同型号相同专业人员的意见，充分发挥本单位的团队智慧，再邀请内外同行专家进行会审。并将每次审查反馈意见编写相应的意见汇总表。

（4）将原则深化为准则

准则必须将所有成功的经验和失败的教训，转化为直接指导本专业人员进行可靠性设计的条例。设计准则的规定必须明确具体，避免"尽可能"、"适当选择"等笼统的原则。依靠理解力执行的原则，难以防止设计的随意性，不能杜绝低水平重复性故障。必须将"原则"深化为防止随意性设计的"准则"。

（5）将通用细化到专用

将"通用准则"细化到产品特点的"专用准则"，必须充分总结本专业的经验和教训，结合型号产品特点制定出"专用准则"，有的准则所谓详细要求不到半页文稿。尤其要将本专业产品曾经出现的典型致命故障，转化为可以直接应用的设计条例，避免后人"重蹈覆辙"。

（6）制定专项工作计划

型号承制单位应将可靠性设计准则作为型号设计质量规范化管理的基础性建设项目，制定专项计划和管理要求，在人员、时间和资源上保证可靠性设计准则制定的要求。要让本单位各专业主任设计师直接承担可靠性设计准则的编制任务，并组织必要的技术培训。同时提供本单位历代型号质量信息与资料汇编，作为相关专业编修可靠性设计准则的重要依据。

(7) 建立有效激励机制

将制定可靠性设计准则的工作项目与反馈意见列入技术相关人员绩效考核的内容。根据"内审"、"函审"、"会审"的意见汇总表进行统计分析，对于在设计准则编写与函审过程中提出重要意见的人员，应当视其为设计技术水平的重要体现、对型号研制基础建设做出了贡献，并给予一定的激励和奖赏。让致力于提高可靠性设计质量而从事"预防为主"的人员，比忙于"故障归零"的人员更有尊严、更有效益、更有奔头。

4.1.3 准则实施要点

为了保证型号各专业可靠性设计准则的有效实施，在准则应用过程中，应当进行合理的剪裁和必要的细化，进一步提高准则的针对性。在完成产品设计的同时，必须编写相应的可靠性设计准则符合性报告，逐条列出准则取舍与应用情况及其相应的依据与理由，作为校对、审批、设计评审与持续改进的依据，具体实施要点如下。

(1) 校对审批的依据

可靠性设计准则是专业产品设计经验的集成，除了作为产品设计主管人员的准则外，也应作为校对、审核和批准人员判断设计的重要依据。对照专用的可靠性设计准则系统审查产品设计，可以从方案策划、功能组成、技术设计、软件设计到元器件选用等，全面审查设计的适宜性、充分性和有效性，确保将可靠性设计到产品中去。

(2) 设计评审的依据

根据军用标准明确规定的可靠性设计准则的符合性报告应连同产品设计文件一起作为设计评审的依据。对于以功能原理为基础的产品设计，参加会审的专家根据常规设计资料，可以有效地判别设计的正确性；对于以数理统计为基础的可靠性设计，需要依据长期的积累信息加以判断；离开专用的可靠性设计准则符合性报告，难以判断设计的有效性。

（3）持续改进的依据

专用的可靠性设计准则，是企业不同型号相同专业人员智慧的结晶。设计准则的编制与实施过程，也是相应专业技术人员进行深入交流与持续提高专业水平的有效平台。型号承制单位应当建立有效的激励机制，督促和鼓励各专业设计人员，在产品设计定型阶段深入总结经验和教训，及时修订专用的可靠性设计准则。同时将设计人员对准则提出的修订意见，作为业务水平和贡献大小的标志，列入绩效考核和职称评定的重要依据。

4.2 可靠性定量设计

4.2.1 可靠性建模要点

可靠性模型是用于产品可靠性定量分配、预计和评价的基本依据，建模工作要点和常用可靠性模型概述如下。

（1）建模工作要点

可靠性模型是系统及其组成单元之间可靠性及故障逻辑关系的描述。应按相关标准规定的程序和方法建立以产品功能为基础的可靠性模型，包括可靠性框图和数学模型，其工作要点如下。

（a）可靠性框图

由代表产品组成单元功能的方框与连线组成，表示出各组成单元之间的故障或故障组合导致产品故障的逻辑图。

可靠性框图应以产品功能原理框图、原理图、工程图为依据且相互协调。

（b）可靠性数学模型

由表达各组成单元的可靠性与系统可靠性之间的函数关系，用以进行组成单元与系统总体之间可靠性的数值运算。

（c）可靠性模型类型

应根据可靠性要求的类型，分别建立产品的基本可靠性模型和任务可靠性模型，并随着产品研制的进展所获得的可靠性相关信息以及产品结构、使用要求和约束条件的更改而修改模型。

（2）常用可靠性模型

在型号研制中，最常用的可靠性模型有串联系统模型、并联系统模型与串、并或并、串混联系统模型，相应模型表达形式如下。

（a）串联系统模型

系统中任一单元故障都会导致整个系统故障，该类模型称为串联系统模型。串联模型是武器系统或非电产品最常用的模型，也是最简单的模型。它既可以用于基本可靠性建模，也可以用于任务可靠性建模。

对于由 n 个功能单元串联组成的系统，其可靠性框图如图 4-1 所示。

图 4-1　串联系统可靠性框图

对于由 n 个以概率度量的可靠性单元串联组成的系统，其可靠度等于各单元可靠度乘积，即系统可靠性数学模型为

$$R_s = \prod_{i=1}^{n} R_i \qquad (4-1)$$

式中　R_s——系统的可靠度；

　　　R_i——单元的可靠度。

对于由 n 个寿命分布为指数型单元串联组成的系统，其故障率为各单元故障率之和，即系统可靠性数学模型为

$$\lambda_s = \sum_{i=1}^{n} \lambda_i \qquad (4-2)$$

式中　λ_s——系统的故障率（1/h）；

　　　λ_i——单元的故障率（1/h）。

（b）并联系统模型

组成系统的所有单元都发生故障时，系统才发生故障，该类模型称为并联系统模型。并联模型是最简单的工作储备模型,常用于提高关键电路可靠性的设计。

并联系统的可靠性框图如图 4-2 所示。

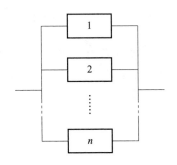

图 4-2   并联系统可靠性框图

对于由 n 个可靠性以概率度量的单元组成的并联系统,其可靠性数学模型为

$$R_s = 1 - \prod_{i=1}^{n} (1 - R_i) \qquad (4-3)$$

式中 R_s——系统的可靠度;

   R_i——单元的可靠度。

对于由 n 个寿命分布为指数型相同单元组成的并联系统,其可靠性数学模型为

$$R_s = 1 - \prod_{i=1}^{n} (1 - e^{-\lambda_i t}) \qquad (4-4)$$

式中 R_s——系统的可靠度;

   λ_i——单元的故障率 (1/h);

   τ——任务时间 (h);

   n——系统内单元数。

(c) 混联系统模型

工程中的可靠性模型,除了单纯串联和单纯并联外,常用串、并或并、串等混联模型。串、并混联可靠性框图如图 4-3 所示,其可靠性数学模型比较复杂。

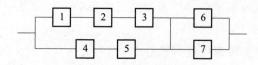

图 4 - 3　混联可靠性框图

为了工程计算方便，可以采用等效模型法，将系统中组成单元划分成单纯串联和单纯并联的若干单元组合，再分别应用串联系统和并联系统的数学模型，逐步综合即可计算出系统的可靠度，等效可靠性框图如 4 - 4 所示。

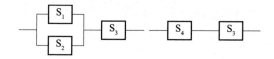

图 4 - 4　等效可靠性框图

等效组合和计算方法如下。

将图 4 - 3 中单元 1、2、3 串联组成 S_1，单元 4、5 串联组成 S_2，单元 6、7 并联组成 S_3，再将 S_1、S_2 并联组成 S_4，最后将 S_4、S_3 串联组成该混联系统的等效可靠性框图。按照等效组合的程序分别采用相应的可靠性数学模型，即可依次计算出系统的等效可靠度。

$$R_{s1} = R_1 R_2 R_3$$
$$R_{s2} = R_4 R_5$$
$$R_{s4} = R_{s1} + R_{s2} - R_{s1} R_{s2}$$
$$R_{s3} = R_6 + R_7 - R_6 R_7$$
$$R_s = R_{s4} R_{s3}$$

4.2.2　可靠性分配要点

可靠性分配是将型号的可靠性定量要求分配到规定的产品层次。分配工作要点和常用分配方法如下。

（1）分配工作要点

1）将型号可靠性指标从上向下逐层分配给有型式代号的专项研制产品，作为提出相应可靠性定量要求的依据。

2）在型号研制的方案阶段或初步设计阶段，进行可靠性分配。根据型号研制需求，可以进行必要的协调分配。

3）可靠性分配值应与可靠性定性要求、验证方法一同列入相应产品研制的战术技术性能要求。

（2）常用分配方法

在型号研制中，常用的可靠性分配方法主要有等额分配法、比例分配法和评分分配法，其要点如下。

（a）等额分配法

在型号研制初期，对于技术状态尚未明确的产品，可以采用最简单的等额分配法进行可靠性分配。

设某系统产品由 N 个分系统串联组成，若系统的可靠度指标为 R_s，则按等额分配给各分系统的可靠度 R_i 为

$$R_i = R_s / N \qquad (4-5)$$

（b）比例分配法

对于新研系统与成熟系统在结构组成、使用环境等方面相似的系统，仅有部分单元进行更新，可以优先采用比例分配法。

已知成熟系统总体故障率及其各组成单元的故障率的情况下，如将新研系统总体故障率分配给相应新研单元的故障率为

$$\lambda_i = K_i \lambda_s \qquad (4-6)$$

其中　　　　　　　　　　$K_i = \dfrac{\lambda_{io}}{\lambda_{so}}$

式中　λ_i——新研单元的故障率（1/h）；

　　　λ_s——新研系统的故障率（1/h）；

　　　K_i——比例系数；

　　　λ_{io}——成熟单元的故障率（1/h）；

　　　λ_{so}——成熟系统的故障率（1/h）。

（c）评分分配法

对于没有相似系统可靠性数据的全新系统，通常采用评分分配法进行可靠性分配。其中关键在于对影响系统可靠性的主要因素进行合理评分，包括对系统的复杂程度、技术基础、环境条件、工作时间等分别进行评分后，再折算出各单元的分配系数。

对于可靠度为 R_s 由 n 个单元（$i=1$，2，…，n）组成的系统，每一单元有 m 个影响因素，对各影响因素 $j=1$，2，…，m，根据产品的复杂程度、技术基础、环境条件和工作时间分别进行评分得 $W_{i,j}$，其取值范围（1～10），影响越大取值越大。

计算每一单元的分配系数

$$K_i = \prod_{j=1}^{m} W_j \Big/ \sum_{i=1}^{n} \prod_{j=1}^{m} W_{i,j} \tag{4-7}$$

式中　K_i——修正系数；

　　　W_j——影响因素 j 的评分值，$j=1$，2，…，m；

　　　$W_{i,j}$——单元 i 中影响因素 j 的评分值，$i=1$，2，…，n。

再根据分配系数 K_i 将系统可靠度 R_s 分配给各组成单元

$$R_i = 1 - K_i (1 - R_s) \tag{4-8}$$

式中　R_s——系统的可靠度；

　　　R_i——单元的可靠度。

采用评分法进行可靠性分配时，必须由产品主要设计者承担这项工作。如果不熟悉产品所有组成单元的复杂程度、技术基础、环境条件和工作时间，对诸多影响因素难以评定合理的权值，就不能保证可靠性分配的合理性。

4.2.3　可靠性预计要点

可靠性预计是根据基本单元的可靠性数值预计产品的可靠性数值，预计工作要求和常用预计方法介绍如下。

（1）预计工作要求

1）根据系统可靠性定量要求、可靠性模型和基本单元的可靠性预计值，自下而上地预计出规定层次产品或系统的可靠性量值。

2）按照 GJB 813 提供的方法进行可靠性预计，随着型号研制的进展，可靠性预计方法应当从粗到细逐步精确。

3）可靠性预计方法中，有一系列系数需要选取，预计的可信程度同可靠性工程基础与设计人员的素质密切相关。

4）可靠性预计应当由产品主管设计者承担，并用可靠性预计的结果权衡并改进产品设计，尤其用以衡量元器件选择的合理性。

5）可靠性预计值应当适当高于合同要求值，否则就应调整产品设计或元器件的质量档次。随着产品研制的进展和状态变化还应及时修订可靠性预计值。

6）由于缺少标准可查的失效率数据，对于非电产品的可靠性预计难度很大，可以在可靠性分析的基础上对关键单元，根据相似产品数据进行近似预计。

（2）常用预计方法

常用的可靠性预计方法有相似产品法、元器件计数法、应力分析法、可靠性框图法，分别用于型号研制的方案阶段的粗略预计、研制早期的初步预计、研制中后期的详细预计以及完整产品的可靠性预计，相应预计方法的要点介绍如下。

（a）相似产品法

在型号研制方案阶段，或者对于缺少可靠性数据基础的机械、电气与机电产品，通常采用相似产品法进行可靠性的粗略预计。

相似产品法是利用与新研产品相似的成熟产品的可靠性数据，经过相似程度的对比分析、选取适当的修正系数，预计新研产品的可靠度和故障率，即

$$R = K R_0 \qquad (4-9)$$

式中　R——新研产品的可靠度；

　　　K——相似程度修正系数；

　　　R_0——相似产品的可靠度

$$\lambda = K\lambda_0 \qquad (4-10)$$

式中　λ——新研产品的故障率（1/h）；

　　　λ。——相似产品的故障率（1/h）。

成熟产品的可靠性数据主要来源于使用现场的统计评估和试验室模拟试验的评定结果。相似产品法预计结果的准确性主要取决于新老产品之间在功能组成、制造工艺、使用剖面等相似程度以及成熟产品可靠性数据的准确度。

（b）元器件计数法

在电子产品的初步设计阶段，元器件的品种和数量已经大致确定，但是具体的工作应力和环境条件尚未明确，此时可以采用元器件计数法。

元器件计数法是根据产品的元器件数量和元器件的工作环境与质量等级，从 GJB/Z 299C 预计手册中分别查取元器件的通用失效率与质量系数，计算产品的故障率，预计模型为

$$\lambda_S = \sum_{i=1}^{n} N_i(\lambda_{Gi}\pi_{Qi}) \tag{4-11}$$

式中　λ_S——产品的故障率（1/h）；

　　　N——产品所用元器件的种类数目，$i = 1, 2, \cdots, n$；

　　　N_i——第 i 种元器件数量；

　　　λ_{Gi}——第 i 种元器件的通用失效率（1/h）；

　　　π_{Qi}——第 i 种元器件的质量系数。

注：进口电子元器件，应从 MIL-HDBK-217F 中查取相应的数据，对于集成电路要考虑成熟系数的影响。

（c）应力分析法

在电子产品的详细设计阶段，元器件的质量等级、应力水平和环境条件已经明确，此时可以采用应力分析法。

应力分析法根据 GJB/Z 299C 预计手册中查取的元器件质量系数、环境系数、应用系数等数据，对元器件的基本失效率进行修正后得到其工作失效率，再根据产品组成单元的元器件数量，计算单元故障率。典型的元器件工作故障率预计模型为

$$\lambda_P = \lambda_b \ (\pi_Q \pi_E \pi_A \pi_r \pi_{S2} \pi_c) \tag{4-12}$$

式中　λ_P——元器件工作失效率（1/h）；

　　　λ_b——元器件基本失效率（1/h）；

　　　π_Q——质量系数；

　　　π_E——环境系数；

　　　π_A——应用系数；

　　　π_r——额定电流系数；

　　　π_{S2}——电压应力系数；

　　　π_c——结构系数。

单元或产品故障率预计模型为

$$\lambda_U = \sum_{i=1}^{n} \lambda_{pi} \tag{4-13}$$

式中　λ_U——单元的总故障率（1/h）；

　　　n——单元内的元器件数量；

　　　λ_{pi}——单元内第 i 元器件的工作失效率（1/h）。

（d）可靠性框图法

可靠性框图法是在已经获得产品各单元可靠性预计值的条件下，根据产品或系统的可靠性框图，逐级向上预计相应的基本可靠性与任务可靠性，其预计要点如下。

1）基本可靠性预计采用串联模型，对于寿命分布为指数型产品，已知其各单元的工作时间与系统的工作时间时，系统故障率模型为

$$\lambda_S = \sum_{i=1}^{n} \lambda_i d_i \tag{4-14}$$

式中　λ_S——系统的总故障率（1/h）；

　　　λ_i——第 i 单元的故障率（1/h）；

　　　d_i——第 i 单元的工作时间与系统工作时间之比。

2）任务可靠性预计随着功能原理差异而有不同的可靠性模型，典型的任务可靠性预计模型是串联与并联的混合模型。

对于由寿命分布为指数型串联单元组成的若干支路并联组成的

产品，其任务可靠度按照先串联再并联的模型预计，即

$$\lambda = \sum_{i=1}^{n} \lambda_i \qquad (4-15)$$

式中　λ——支路的总故障率（1/h）；

　　　　n——支路内的单元数量；

　　　　λ_{pi}——支路内第 i 单元的故障率（1/h）。

$$R_s = 1 - (1 - e^{-\lambda\tau})^n \qquad (4-16)$$

式中　R_s——产品的任务可靠度；

　　　　λ——支路的故障率（1/h）；

　　　　τ——任务时间（h）；

　　　　n——产品内的支路数。

4.3　可靠性分析要求

4.3.1　可靠性分析项目

为了分析权衡与完善型号的产品设计并奠定可靠性设计基础，国家军用标准 GJB 450A 规定的可靠性分析项目共有 7 项，其分析目的与要求介绍如下。

（1）故障模式、影响和危害性分析（FMECA）

通过自下而上系统地归纳分析，确定产品在设计和制造过程可能潜在的故障模式、原因及影响，以便找出薄弱环节，并提出改进措施。

应在规定的产品层次上进行 FMEA 或 FMECA，要分析并确定产品在寿命周期剖面和任务剖面内所有可能潜在的故障模式，并确定其影响。

（2）故障树分析（FTA）

运用自上而下的演绎分析方法，寻找导致重大故障事件的各种可能原因，包括直接原因、中间原因直至基本原因，并通过逻辑关系分析确定潜在的设计缺陷，以便采取改进措施。

应以产品灾难性或致命性故障事件作为故障树的顶事件，进行故障树定性与定量分析。

（3）潜在分析

在假设所有元件、器件均正常工作的情况下，对可能引起非期望的功能或抑制所期望的功能的潜在状态进行分析确认。

根据不同产品可以分别进行潜在电路分析、潜在通路分析与潜在软件分析等工作，应对影响任务和安全的关键产品进行潜在分析。

（4）电路容差分析

在规定的使用温度范围内，分析电路参数偏差和寄生参数对电路性能容差的影响，以便提出改进措施。

应参照 GJB/Z 89 提供的方法和程序，对于受温度和退化影响的关键电路的元器件特性进行容差累计分析，对影响安全和任务的关键电路进行最坏情况分析。

（5）勤务影响分析

勤务影响分析指型号在使用过程中进行后勤保障等相关操作可能产生的影响，包括功能测试、包装、贮存、装卸、运输和维修等对产品可靠性的影响进行分析。

应制定并实施测试和分析的程序与相应要求，评价或估计这些勤务操作项目对产品可靠性与主要特性的影响程度，为确定勤务操作要求、修复计划、设计权衡等提供依据。

（6）有限元分析

在设计过程中，对产品的机械强度和热特性进行分析与评价，尽早发现承载结构和材料的薄弱环节及产品的过热部分，以便及时采取改进措施。

应将承受严酷的机械负载或热应力且影响安全和功能的关键结构产品，划分成许多易于用位移和应力等特征描述的理想单元，通过一系列矩阵方程联结，建立相应的结构和材料对负载和环境影响的模型，用有限元法进行计算与分析。

（7）耐久性分析

在设计过程中，通过产品的耗损特性分析，发现可能过早发生耗损故障的零部件，确定故障原因并采取可能的改进措施。

应尽早对关键零部件或已知的耐久性问题，通过分析评价产品寿命周期内的载荷与应力、产品结构、材料特性、失效机理等因素，为预估产品寿命、制定维修策略和产品改进计划提供有效依据。

4.3.2　可靠性基础项目

为了强化型号的可靠性保证基础，国家军用标准明确提出"元器件、零部件和原材料的选择与控制"和"确定可靠性关键产品"两个工作项目，属于产品设计与制造中涉及广泛、影响深远的可靠性基础项目，其工作要点如下。

（1）元器件、零部件和原材料的选择与控制

元器件、零部件和原材料的选择与使用，是保证产品设计的基本元素满足可靠性要求，属于型号的可靠性基础保证，针对常见的选择与使用问题，现提出如下工作要点。

1）通过元器件、零部件和原材料的选择与控制，尽可能地减少元器件、零部件和原材料的品种，保持和提高产品的固有可靠性，降低保障费用和寿命周期费用。

2）根据 GJB 3404 对元器件的选择、采购、监制、验收、筛选、保管、使用、故障分析及相关信息等实施全面管理。

3）根据研制产品的特点制定元器件、零部件和原材料的选择与使用要求，并尽可能形成法治化管理的规范性文件。

4）编制和修订元器件、零部件和原材料的优选目录，并规定超出优选目录的控制程序。对于采用新研元器件和原材料，必须规定验证与审批程序。

5）在编制产品专用的可靠性设计准则中，应明确规定元器件、零部件和原材料的选择与使用准则，包括降额设计、耐环境设计以及相应的淘汰和替代方法等准则。

（2）确定可靠性关键产品

可靠性保证的重点是关键产品。为了提高可靠性保证工程的针对性和有效性，必须切实做好确定可靠性关键产品工作项目。现针对常见的缺少分析、判定失据、监控不力等问题，提出如下工作要点。

1）在故障模式、影响及危害性分析和故障树分析的基础上，经过对比分析确定对可靠性、安全性和保障要求有重大影响的产品。

2）通过购置来源分析，确定价格昂贵的产品、难以采购或由于新技术难以制造的产品及使用信息缺乏整体可追溯的产品。

3）经过使用分析，确定工作环境恶劣的产品、要求采取专门装卸、运输、贮存或测试措施的产品、历来可靠性差的产品。

4）经过相关特性分析，确定影响评价系统安全性的产品、具有严格性能要求且新技术含量较高的产品。

5）将识别出的产品列成可靠性关键产品清单，并在相应的设计、工艺、测试或试验中制定和实施必要的控制措施，包括在相应文件上作出标记。

6）对可靠性关键产品的确定与控制实施动态管理，定期审查可靠性关键产品清单并跟踪与监视控制的有效性。

4.3.3　可靠性分析重点

国家军用标准规定的可靠性分析项目比较多，型号可靠性总体策划者应当根据产品特点、工程基础和约束条件合理选择可靠性分析项目。在军标列出的可靠性分析项目中，最重要的是"故障模式、影响及危害性分析（FMECA）"和"故障树分析（FTA）"两项。

FMECA 是采用自下而上的归纳分析方法，对产品所有可能的潜在故障模式出现的可能性与影响的严重性进行分析和分类，为权衡和改进产品设计与工艺提供依据。

FMECA 是可靠性分析中首要关键工作项目，被广泛应用于可靠性分析、维修性分析、安全性分析、测试性分析和保障性分析过程中。

经验丰富的设计师经过深入有效的 FMECA，可以找出产品在设计、制造和使用全寿命周期内的所有随机因素可能诱发的故障模式，包括潜在状态、电路容差、勤务操作、环境应力、耗损影响等因素诱发的故障模式，为全面提高产品可靠性打下基础。

FMECA 针对不同分析对象，具有多种分析方法，可以分成设计 FMECA 与过程 FMECA 两类，设计 FMECA 包括功能 FMECA、硬件 FMECA、软件 FMECA 与损坏 MEA（DMEA）；过程 FMECA 主要用于工艺 FMECA，分别适用于型号可靠性保证的不同阶段。可靠性分析的另一重要项目是故障树分析，用于完善型号的产品设计和工艺设计。

可靠性分析采用项目的应用要点分述如下。

（1）功能 FMECA

主要用于型号的论证与方案阶段，分析研究产品功能设计的缺陷与薄弱环节，为产品的功能设计的改进和方案的权衡提供依据。

（2）硬件 FMECA

主要用于型号的工程研制阶段，分析研究产品硬件设计的缺陷与薄弱环节，为产品的硬件设计的改进提供依据。硬件 FMECA 与功能 FMECA 具有相同的程序与相似的要求。

（3）软件 FMECA

主要用于型号的工程研制阶段，分析研究产品软件设计的缺陷与薄弱环节，为产品的软件设计的改进提供依据。

（4）损坏 MEA

主要用于型号的工程研制阶段，分析研究产品易损性设计的缺陷与薄弱环节，为产品的生存性与易损性设计的改进提供依据。

（5）过程 FMECA

主要用于分析研究产品在工艺过程或使用过程中可能存在的缺陷与薄弱环节，为产品生产工艺设计的改进或使用维修决策等提供依据。

（6）故障树分析

运用自上而下地演绎分析方法，寻找导致型号或产品重大故障事件的各种可能原因，包括直接原因、中间原因直至基本原因，并通过逻辑关系分析确定潜在的设计缺陷，以便采取改进措施。

在型号可靠性保证工程中，最常用的可靠性分析项目是硬件 FMECA、软件 FMECA、工艺过程 FMECA 和故障树分析，用以分析研究产品在硬件设计、软件设计和工艺设计的潜在缺陷与薄弱环节。

在硬件 FMECA 基础上，再将其中影响系统安全和功能的顶层致命性故障作为顶事件进行故障树分析（FTA），为权衡与改进产品设计提供依据，并对诱发致命故障的关键产品采取有效的改进措施，达到定性保证产品可靠性的目标。

对于可靠性工程基础薄弱、缺少可靠性数据的非电产品，可靠性定量设计的难度很大，应将 FMECA 作为可靠性设计的最主要工作项目。

根据上述分析，本章针对型号可靠性保证的工程需求与常见问题解读相关标准，重点阐述产品硬件 FMECA、软件 FMECA、工艺FMECA 和故障树分析（FTA）的工作要点。其中软件 FMECA 归类于第 5 章 "软件可靠性设计与分析" 中。

4.4 硬件 FMECA 工作要点

4.4.1 硬件 FMECA 工作程序

产品硬件的故障模式、影响及危害性分析，有 FMEA 与 FME-CA 两种模式，前者主要用于非电产品的定性分析，后者主要用于电子产品的定量分析。

产品硬件 FMEA，通常根据产品硬件结构层次关系，自下而上地分析产品在硬件设计中所有可能的故障模式、原因、影响和严酷度类别，提出设计改进和使用补偿措施；FMECA 是在 FMEA 的基础上继续进行危害性分析（CA），包括故障模式危害度、产品危害度或故障模式发生概率等级，结合 FMEA 中确定的严酷度类别，对故障模式发生的可能性和影响的严重性进行综合分析与分类，全面评价产品中所有可能出现的故障模式的影响，最后编写 FMECA 报告，其程序如图 4-5 所示。

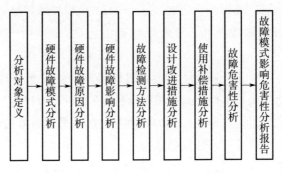

图 4-5　产品硬件 FMECA 程序图

4.4.2　硬件 FMECA 工作要求

（1）约定分析层次

型号总体单位应明确型号的初始约定层次、中间约定层次和最低约定层次，各分系统按照研制分工开展 FMEA 或 FMECA。最低约定层次可参照预定维修级别上的产品层次，如可更换单元等，进行约定。

（2）明确分析责任

由资深的主管设计师直接承担产品的分析工作，根据工程经验和产品特点，深入分析可能的潜在故障模式，并分析其影响及危害性、提出设计改进或使用补偿措施。可靠性专业人员只能进行技术支援与质量会签，不能代替设计人员进行分析。

（3）深入调查研究

通过网络检索、档案查阅、前人走访等多种途径进行广泛深入的调查研究，最大限度地收集本专业历代产品研制、生产和使用全寿命的质量与可靠性信息，经过筛选梳理，列出本专业产品的故障统计表。

（4）确定故障模式

通过历代产品与相似产品故障模式的统计分析、结合新研产品特点分析推断可能再现的故障模式，还应对产品的关键单元采用试验激发潜在的故障模式，最后经过分析确定产品硬件在任务剖面内可能出现的故障模式。

（5）提高分析针对性

要不断积累经验，建立相应的故障模式和相关信息库，为故障分析的针对性奠定基础。切忌直接套用标准推荐的所有典型故障模式，更不能让所有组成单元都有故障或者让相同元器件都有相同的故障模式，采取相同的改进措施。

（6）同步深入分析

从产品初步设计开始分析工作，并与产品设计同步进行。随着研制的进展与认识的深化，应及时修改并完善分析工作。设计定型时应当整理出最终分析报告，为完善设计、生产监控、使用维护、备件配置等决策提供相关信息与依据。

4.4.3　硬件 FMEA 实施要点

（1）分析对象定义

为了有针对性地对被分析产品在给定任务功能下分析所有可能的故障模式、原因和影响，必须首先分析对象定义，包括产品功能分析、绘制功能框图和可靠性框图，其要点如下。

（a）产品功能分析

在描述产品任务后，对产品在不同任务剖面下的主要功能、工作方式和工作时间等进行分析，并应充分考虑产品接口部分的分析。

（b）绘制功能框图

采用框图形式描述产品各组成部分所承担的任务或功能间的相互关系，以及产品每个约定层次间的功能逻辑联系、信息交换、相互接口的关系，同时制定所有单元的编码体系。典型的功能逻辑图及其编码体系示意图，如图 4 - 6 所示。

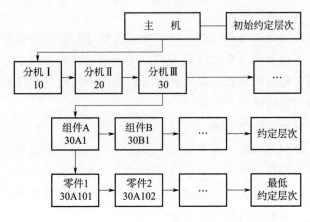

图 4 - 6　典型功能逻辑图及其编码体系

（c）绘制可靠性框图

采用框图形式描述产品整体可靠性与其组成部分之间的故障影响的逻辑关系。在一般型号中，产品的可靠性框图多为比较简单的串联形式，少数关键单元采用并联设计。

（2）故障模式分析

故障模式是产品不能完成规定功能的表现形式，其分析目的是找出产品所在任务剖面完成规定功能的所有可能出现的故障模式，其分析要点如下。

（a）故障模式分析途径

根据被分析产品的硬件结构特征和已有使用信息，包括具有相似功能和相似结构的产品所发生的故障模式，通过统计、试验、分析、预测等方法，确定其所有可能的硬件故障模式。

（b）典型故障模式选取

采用的元器件、零部件的典型故障模式，可以从国内外相关标准、手册中查取。但是必须在分析的基础上，说明选取其中每一故障模式的依据，决不能直接采用所有故障模式。常见的典型故障模式如表 4 - 1 所示。

表 4 - 1　机电产品常见典型故障模式

序号	故障模式	序号	故障模式	序号	故障模式	序号	故障模式	序号	故障模式
1	结构损坏	7	误开	13	间歇性工作	19	不能开机	25	无输入
2	结构卡死	8	误关	14	漂移性工作	20	不能切换	26	无输出
3	结构共振	9	内部泄漏	15	错误指示	21	提前运行	27	短路
4	结构错位	10	超出上限	16	流动不畅	22	滞后运行	28	开路
5	打不开	11	超出下限	17	错误动作	23	输入超限	29	漏电
6	关不上	12	意外运行	18	不能关机	24	输出超限	30	……

（c）区分故障模式类型

产品故障模式有潜在故障模式和功能故障模式两类：前者系指产品或其组成单元有潜在不能完成预定功能的事件或具有可鉴别的状态；后者系指产品或其组成单元不能完成预定功能的事件或状态。

（3）故障原因分析

故障原因是引起产品故障的设计、制造、使用或维修等相关因素，其分析目的是找出每一故障模式产生的原因，进而采取针对性的有效改进措施，防止或减少故障模式发生的可能性，其分析要点如下。

（a）直接故障原因分析

对导致产品发生潜在故障模式或功能故障模式的物理、化学或生物变化过程等方面进行分析，找出故障模式发生的直接原因。

（b）间接故障原因分析

对相关产品或设备故障、使用影响、环境应力和人为因素等外部因素进行分析，找出发生故障模式的间接原因。

（c）自下而上分析原因

下一层约定层次产品的故障模式往往是上一约定层次产品的故障原因，可从相邻约定层次的关系进行故障原因分析。

（4）故障影响分析

故障影响是产品故障模式对其使用、功能或状态所导致的后果，其分析目的是找出产品每一故障模式所产生的影响，并对影响的严酷度进行分析，其分析要点如下。

（a）区分故障影响级别

每一故障模式可能产生局部影响、高一层次影响和最终影响，这些影响分别表示对产品所在层次、高一层次和初始约定层次产品的使用、功能或状态的影响。

（b）自下而上的影响原因

低层次产品故障模式对紧邻上一层次产品影响就是上一层次产品的故障模式，低层次的故障模式是紧邻上一层次的故障原因，由此推论可得出不同约定层次产品之间的迭代关系。

（c）确定影响的严酷度

严酷度是故障模式所产生后果的严重程度。根据故障模式最终可能导致人员伤亡、任务失败、产品损坏（或经济损失）和环境损害等方面的影响进行分类和定义，确定每一类故障模式最终影响的严重程度。常用的严酷度类别及定义如表 4-2 所示。

表 4-2　武器装备常用的严酷度类别及定义

严酷度类别	严重程度定义
Ⅰ类（灾难的）	引起人员死亡、顶层产品毁坏或重大环境损害
Ⅱ类（致命的）	引起人员严重伤害、重大经济损失、任务失败、产品或环境严重损害
Ⅲ类（中等的）	引起任务延迟或降级、中等程度的人员伤害、经济损失、产品损坏或环境损害
Ⅳ类（轻度的）	不足以引起人员伤害或轻度的任务延迟或降级、经济损失、产品损坏或环境损害

（5）故障检测方法分析

故障检测方法分析的目的是为产品的维修性与测试性设计以及维修故障分析提供依据，其分析要点如下。

（a）故障检测方法分类

故障检测分类一般分为事前检测和事后检测两类。对于潜在的工作模式，应在设计中尽可能采用事前检测方法。

（b）常用故障检测方法

可以采用目视检查、离位检测，或采用机内测试、自动传感装置、传感仪器、音响报警装置、显示报警装置、遥测等方式进行原位检测。

（c）故障检测部位设置

对于影响安全性或可靠性的组成单元，即使有冗余设计，也应增加必要的监测点。对于无法检测且会引起高严酷度的故障模式，应列出清单并在设计中予以关注。

（6）设计改进措施分析

设计改进措施分析的目的，是针对每一故障模式在设计中采取合理的改进措施，以消除或减轻故障影响，进而提高产品固有可靠性，其分析要点如下。

（a）常用设计改进措施

通常采用冗余设计、设置监控及报警装置的安全或保险装置、借助备用或辅助设备的替换工作方式、采取优选元器件、热设计、降额设计等减轻或消除故障的改进设计。

（b）确定设计改进措施

针对故障模式的类型、原因及其影响程度，确定合理的设计改进措施，尽量避免在 FMEA 工作表中均填写"无"或笼统、相同的改进措施。

（7）使用补偿措施分析

使用补偿措施分析的目的，是针对每一故障模式在使用中采取必要的补偿措施，以消除或减轻故障影响，进而提高产品使用可靠性，其分析要点如下。

（a）常用使用补偿措施

针对产品使用过程可能出现的故障模式，在产品使用和维护方案、操作条例及细则中，明确采用诸如事前检测、预防维修、安全警示、应急预案等补偿措施。

（b）确定使用补偿措施

针对使用中可能出现的故障模式的类型、原因及其影响程度，确定合理的使用补偿措施，尽量避免在 FMEA 工作表中均填写"无"或笼统、相同的补偿措施。

（8）填写 FMEA 工作表

按照约定分析层次和分析对象定义，将产品的故障模式、故障原因、故障影响、检测方法以及设计改进与使用补偿措施的分析结果填入 FMEA 工作表，其格式如表 4 - 3 所示。

表 4 - 3　硬件 FMEA 工作表

初始约定层次		任　务：			审核：			第　　页　　　　共　　页				
约定层次		分析者：			批准：			填表日期：				
单元代码	产品功能标志	产品功能	故障模式	故障原因	任务阶段与工作方式	故障影响			严酷度类别	故障检测方式	设计改进措施	使用补偿措施	备注
						局部影响	高一层次影响	最终影响					
(1)	(2)	(3)	(4)	(5)	(6)	(7)			(8)	(9)	(10)	(11)	(12)

注：表中数字代表各项的填写说明如下：

（1）单元代码：对每一产品采用一种编码体系进行标识；

（2）产品功能标志：记录被分析产品的名称与标志；

（3）产品功能：摘要描述产品所具有的功能；

（4）故障模式：根据故障模式分析结果，依次填写每一产品的所有故障模式；

（5）故障原因：根据故障原因分析结果，依次填写每一故障模式的可能故障原因；

（6）任务阶段与工作方式：根据任务剖面依次填写发生故障时的任务阶段与相应工作方式；

（7）故障影响：根据故障影响分析结果，依次填写每一故障模式的局部、高一层次和最终影响；

（8）严酷度类别：根据最终影响分析结果，依次填写每一故障模式的严酷度类别；

（9）故障检测方式：根据产品故障模式原因、影响等分析结果，依次填写所选定的故障检测方式；

（10）设计改进措施：根据故障影响、故障检测等分析结果，依次填写产品设计改进措施；

（11）使用补偿措施：根据故障影响、故障检测等分析结果，依次填写产品使用补偿措施；

（12）备注：简要记录左侧栏目的应有注释或补充说明。

4.4.4　硬件 FMECA 实施要点

硬件 FMECA 是在 FMEA 的基础上继续进行故障模式的危害性分析（CA），其目的是在特定严酷度类别下，对产品每一故障模式的严重程度及其发生的概率所产生的综合影响进行分析，全面评价产品中所有可能出现的故障模式的影响，为确定产品改进措施的先后顺序提供依据。

硬件危害性分析的常用方法有风险优先数（RPN）方法和危害性矩阵分析方法，后者又分为定性分析与定量分析两种，其分析要点如下。

（1）硬件风险优先数方法

风险优先数方法是对产品的每一故障模式的 RPN 值进行优先排队，并采取相应措施，使 RPN 值达到可接受的最低水平。

产品某一故障模式的 RPN 值等于该故障模式的严酷度等级（ESR）和故障模式的发生概率等级（OPR）的乘积，即

$$RPN = ESR \times OPR \tag{4-17}$$

式中，RPN 值越高，则其危害性越大，其中 ESR 和 OPR 的评分准则如下。

1）故障模式影响的严酷度等级是评定某一故障模式最终影响的程度，其评分准则如表 4-4 所示。

表 4-4　硬件故障影响的严酷度等级评分准则

严酷度等级	故障影响的严重程度	ESR 评分等级
轻度的	不足以导致人员伤害、轻度的产品损坏、财产损失、或环境损害，但会导致非计划性维修或修理	1，2，3
中等的	导致中等程度的人员伤害、产品损坏、财产损失或环境损害	7，8
严重的	导致严重的人员伤害、产品损坏、任务失败、财产损失或环境损害	4，5，6
灾难的	导致人员死亡、产品（如飞机、坦克、导弹、船舶等）毁坏、重大的财产损失或环境损害	9，10

2）故障模式的发生概率等级是评定某一故障模式实际发生的可能性。用故障模式发生概率 P_m 参考范围表示评分等级，其评分准则如表 4-5 所示。

表 4-5　故障模式发生概率等级评分准则

故障模式 发生的可能性	故障模式发生概率/P_m 参考范围（相对应的可靠度 R_o）	OPR 评分等级
极低	$P_m \leqslant 10^{-6}$（$R_o > 0.999\,999$）	1
较低	$1 \times 10^{-6} < P_m \leqslant 1 \times 10^{-4}$（$0.999\,999 \geqslant R_o > 0.999\,9$）	2，3
中等	$1 \times 10^{-4} < P_m \leqslant \times 10^{-2}$（$0.999\,9 \geqslant R_o > 0.99$）	4，5，6
高	$1 \times 10^{-2} < P_m \leqslant 1 \times 10^{-1}$（$0.99 \geqslant R_o > 0.90$）	7，8
非常高	$P_m > 10^{-1}$（$R_o \leqslant 0.9$）	9，10

注：在分析工作中，应综合分析产品实际情况尽可能详细的规定评分等级。

（2）危害性矩阵分析方法

危害性矩阵分析的目的是分析每一产品及其工作模式的危害程度，为确定产品改进措施的先后顺序提供依据。危害性矩阵分析方法分为定性与定量两种，其分析方法要点如下。

（a）定性危害性矩阵分析方法

定性危害性矩阵分析方法是将每一故障模式发生的可能性分成离散的级别，从推断所定义的等级对每一故障模式进行评定。根据每一工作模式发生的概率相对于产品总故障率的百分比，将其分成 A、B、C、D、E 五级，其定义如表 4-6 所示。

在评定故障模式发生概率等级之后，应用危害性矩阵图对每一故障模式进行危害性分析和排序。应结合工程实际，对于表中的等级与概率可以进行适当地修正。

表 4 - 6 故障模式发生概率等级划分

等级定义	概率特征	故障模式发生概率范围	等级
经常发生	高概率	某一故障模式发生的概率大于产品总故障率的 20%	A
有时发生	中等概率	某一故障模式发生的概率大于产品总故障率的 10%，小于 20%	B
偶然发生	不常发生	某一故障模式发生的概率大于产品总故障率的 1%，小于 10%	C
很少发生	不大可能发生	某一故障模式发生的概率大于产品总故障率的 0.1%，小于 1%	D
极少发生	近乎为零	某一故障模式发生的概率小于产品总故障率的 0.1%	E

（b）定量危害性矩阵分析方法

定量危害性矩阵分析方法就是计算每一故障模式的危害度和产品危害度，并分别进行排序，或应用危害性矩阵图对每一故障模式的危害度 C_{mj} 和产品危害度 C_r 进行危害性分析，其计算方法如下。

故障模式的危害度是产品在工作时间内，某一故障模式在给定的严酷度等级下的危害程度，计算方法为

$$C_{mj} = \alpha_j \beta_j \lambda_p t \qquad (4-18)$$

式中 C_{mj}——产品第 j 个故障模式的危害度；

α_j——故障模式频数比，是产品第 j 种故障模式的发生次数与产品所有可能的故障模式总数之比，其数值可以通过统计、试验、预测等方法获得，每一产品所有故障模式频数比的总和等于 1，表 4 - 7 提供常用单元件重要故障模式频数比的参考值；

β_j——故障模式影响频率，是产品第 j 种故障模式的最终影响导致初始约定层次产品出现某严酷度等级的条件概率，其数值可按经验进行定量估计，取值范围为 1～0，如果认为确实影响，可取 1；很可能影响，可在 1～0.1 之间取值；有时能影响，可在 0.1～0 之间取值；无影响，则取 0；这些取值代表对产品故障模式、原因和影响等分析的可信程度；

λ_p——产品在其任务阶段内的故障率（1/h）；

t——产品在其任务阶段的工作时间（h）。

表 4 - 7　常用单元件重要故障模式频数比参考值

器件名称	故障模式	频数比%	器件名称	故障模式	频数比%	器件名称	故障模式	频数比%
陶瓷介质固定电容	短路	50	硅和锗二极管	短路	75	继电器	触点失效	25
	电容值改变	40		间歇电路	18		线圈短路	5
	断路	5		断路	6	合成固定电阻	阻值变化	90
电解铝固定电容器	断路	40	标准连接器	接触失效	30	合成可变电阻	工作不稳定	95
	短路	30		材料变质	30		绝缘失效	5
	漏电流过大	15		焊点失效	25	线绕可变电阻	工作不稳定	50
	电容降低	5		其他失效	15		断路	40
云母或玻璃介质固定电容	短路	70	电动机驱动装置和发电机	绕组失效	20		阻值变化	5
	断路	15		轴承失效	20	精密线绕可变电阻	断路	70
	电容量变化	10		其他失效	5		噪声过大	25
金属纸或薄膜固定电容	断路	65	电动机、伺服机构及测速发电机	轴承失效	45	碳及金属膜固定电阻	短路	80
	短路	30		绕组失效	40		阻值变化	20
纸介质固定电容	短路	90	线圈	绝缘变质	75	热敏电阻	断路	95
	断路	5		绕组断开	25	锗及硅晶体管	基极漏电流	59
钽电解固定电容器	断路	35	电连接器	短路	30		发射极击穿	37
	短路	35		焊点失效	25		接线端断路	4
	漏电流过大	10		绝缘降低	20	变阻器	断路	95
	电容降低	5		接触不良	10	变压器	短路	80
				其他失效	15		断路	5
磁性离合器	轴承磨损	45	磁控管	窗口穿孔	20	橡胶减振器	材料变质	85
	力矩消失	30		阴极性能降低	40		接点失效	80
						振子	绕组断路	5
	线圈失效	15		充气	30		弹簧疲劳	15

产品危害度是该产品在给定的严酷度类别和任务阶段下的各种故障模式危害度之和，其计算方法为

$$C_r = \sum_{j=1}^{N} C_{mj} = \sum_{j=1}^{N} \alpha_j \beta_j \lambda_p\, t \qquad (4-19)$$

式中　C_r——产品危害度；

　　　N——产品故障模式的总数。

（c）绘制危害性矩阵图

绘制危害性矩阵图的目的是分析比较每一故障模式影响的危害程度，为改进措施的先后顺序提供依据。

危害性矩阵图的作用是采用图解方法，按照故障模式的危害性在矩阵图上的分布点，对每一种故障模式的危害程度或产品危害程度的结果进行比较，为确定产品改进措施的先后顺序提供依据。其基本思路是根据 FMEA 中确定的严酷度类别，对每一故障模式发生的可能性和影响的严重性进行综合分析与分类，全面评价产品中所有可能出现的故障模式的影响。

绘制矩阵图时，可以直角坐标的纵轴表示产品危害度 C_r，或者表示故障模式危害度 C_{mj}，或者表示分成五个表示故障模式发生概率等级：A、B、C、D、E；再将直角坐标的横轴分成表示故障模式严酷度类别的四个等级：Ⅳ、Ⅲ、Ⅱ、Ⅰ，最后从坐标图的原点 o 向网格的右上方角 P 点引出一条倾斜的直线，则构成表示危害性影响程度的矩阵图，如图 4-7 所示。

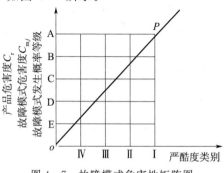

图 4-7　故障模式危害性矩阵图

（d）危害性矩阵图的应用

在采用定性危害性矩阵分析方法时，首先在某一故障模式发生概率所属等级区间的中点向右引出水平线，与通过相应严酷度类别中点向上引出的垂直线相交，以便获得表示相应故障模式危害性在矩阵图中的分布点，再从相应的分布点向 oP 斜线作垂线，其交点即表示该故障模式的危害程度，交点距离坐标原点越远，则该故障模式的危害性越大。

在采用定量危害性矩阵分析方法时，根据分析获得的产品危害度 C_r，或者故障模式危害度 C_{mj} 以及相应的严酷度类别，按照定性分析方法作图，便可在矩阵图中更精确地比较产品或故障模式的危害性影响程度，为确定产品改进措施的先后顺序提供更可信的依据。

在采用风险优先数（RPN）分析方法时，如果出现故障模式的 RPN 值相等情况，亦可根据 RPN 值与 FMEA 中确定的相应严酷度类别，在危害性矩阵图上进行比较。

（3）填写硬件 FMECA 工作表

硬件 FMECA 工作表格是在硬件 FMEA 工作表的基础上，增加故障模式危害性分析项目，其格式如表 4-8 所示。

表 4-8　硬件 FMECA 工作表

初始约定层次		任　务：		审核：		第　　　页　　　共　　　页								
约定层次		分析者：		批准：		填表日期								
单元代码	产品或功能标志	产品功能	故障模式	故障原因	任务阶段与工作方式	严酷度类别	故障模式概率等级	故障率 λ_p	故障模式频率比 α_j	故障影响概率 β_j	工作时间 t	故障模式危害度 C_{mj}	产品危害度 C_r	备注
(1)	(2)	(3)	(4)	(5)	(6)	(7)	(8)*	(9)	(10)	(11)	(12)	(13)	(14)	(15)

表中各项填写说明如下：

（1）～（7）项：填写相应硬件 FMEA 的分析结果；

（8）* 故障模式概率等级：当采用定性分析方法时，此项只记录按照表 4-6 分析确定的故障模式概率等级，并取消（9）～（14）项，成为定性的 FMECA 工作表；

当采用定量分析方法时，此项只记录故障数据源，并继续对（9）～（14）项进行定量计算与填写，组成定量的 FMECA 工作表；

（9）故障率 λ_p：填写产品在其任务阶段内的故障率（1/h）；

（10）故障模式频率比 α_j：根据统计、试验、预测等方法获得故障模式的发生次数与产品所有可能的故障模式总数之比；

（11）故障影响概率 β_j：根据经验定量估计故障模式的最终影响导致初始约定层次产品出现某严酷度等级的条件概率；

（12）工作时间 t：填写产品在其任务阶段的工作时间（h）；

（13）故障模式危害度 C_{mj}：根据已知数据按照公式（4-18）计算每一故障模式的危害度；

（14）产品危害度 C_r：根据已知数据按照公式（4-19）计算故产品障模式的危害度；

（15）备注：简要记录左侧栏目的应有注释或补充说明。

4.5 工艺 FMECA 工作要点

4.5.1 工艺 FMECA 工作程序

工艺 FMECA 是在假设产品设计满足要求的前提下，针对产品在生产过程中每一工艺步骤可能发生的故障模式、原因及其对产品造成的所有影响进行分析，按照故障模式风险优先数（RPN）值的大小，对工艺薄弱环节制定改进措施，并预测或跟踪改进措施后减小 RPN 值的有效性，使 RPN 值达到可接受的水平，进而提高产品的质量和可靠性。

在型号可靠性保证工程中常用的工艺 FMECA 程序，见图4-8。

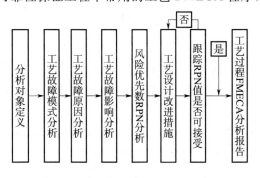

图 4-8 常用的工艺 FMECA 程序图

4.5.2　工艺 FMECA 工作要求

1）分析时机与范围选定：在产品试制生产过程，开展工艺可行性分析。在生产工装准备之前，从零部件到系统均应进行工艺 FMECA 工作。

2）分析人员的素质要求：必须由熟悉生产过程、承担工艺操作规程编制的资深工艺人员在消化产品设计的基础上完成工艺 FMECA 工作。

3）分析与产品设计关联：工艺 FMECA 应当充分考虑产品的设计特性，工艺缺陷常需产品设计来克服，因而必要时应邀产品设计人员参与分析。

4）遵循分析的迭代过程：根据风险优先数（RPN）值大小进行优先排序，对关键过程采取改进措施并跟踪其有效性，直到 RPN 值满足可接受水平。

5）夯实分析的技术基础：统计分析历代产品相似工艺或工序的故障模式、原因及其故障影响等信息，并建立工艺故障数据库为工艺 FMECA 提供技术支持。

4.5.3　工艺 FMECA 实施要点

（1）分析对象定义

工艺 FMECA，通常以被加工产品的工艺流程各个工艺环节作为分析对象，定义的目的与内容如下。

（a）定义目的

保证分析过程能够考虑到每一工艺环节可能出现的缺陷及其对下游（下道/后续）工序、被加工产品和最终产品的影响。

（b）定义内容

明确被加工产品的结构组成、工艺流程和加工要求，绘制"工艺流程表"和"工件—工艺关系矩阵表"。

（c）绘制工艺流程表

绘制工艺流程表的目的是明确表示产品工艺流程中每道工序相关的功能和要求，其格式如表 4-9 所示。

表 4-9　××××工艺流程表

组件名称：	生产过程：	第　页	
组件编号：	部门名称：	共　页	
装备／型号：	填表日期：		
工艺流程	输入条件	输出结果	
工序 1			
工序 2			
…			
分析人员：	审核：	批准：	

（d）绘制工件—工艺关系矩阵表

用工件—工艺关系矩阵表明确表示"工件特性"（加工部位）与"工艺操作"各工序间（工序编号）的关系，绘制的格式如表 4-10 所示。

表 4-10　工件—工艺关系矩阵表

工件名称：	生产过程：	第　页	
零部件号：	部门名称：	共　页	
装备／型号：	填表日期：		
工件特性	工　序　操　作		
	工序 1	工序 2	…
特性 1			
特性 2			
…			
注：在"工艺操作"的工序编号与"工件特性"相关的表格内标注"√"			
分析人员：	审核：	批准：	

（2）工艺故障模式分析

工艺故障模式包括不能满足产品的加工要求、装配要求或设计意图的工艺缺陷，它既可能是上游工序故障模式的后果，也可能是引起下游工序故障模式的原因。

工艺故障模式分析必须由资深工艺人员根据产品工艺特点，经过统计分析判断选取可能出现的潜在故障模式，采用物理的、专业的术语描述，不能直接采用故障现象进行描述。典型的工艺故障模式示例如表 4 - 11 所示。

表 4 - 11　典型工艺故障模式示例

(1)	弯曲	(7)	尺寸超差	(13)	表面太光滑
(2)	变形	(8)	位置超差	(14)	未贴标签
(3)	裂纹	(9)	形状超差	(15)	错贴标签
(4)	断裂	(10)	电气开路	(16)	搬运损坏
(5)	毛刺	(11)	电气短路	(17)	脏污
(6)	漏孔	(12)	表面太粗糙	(18)	遗留多余物

注：工艺故障模式不应局限于上列故障模式，也不能包括产品设计缺陷。

（3）工艺故障原因分析

工艺故障原因系指同工艺故障模式相对应的工艺缺陷产生的原因，必须由熟悉生产且有丰富阅历的人员依据产品工序特点和相似制作经验进行深入分析。典型的工艺故障原因示例如表 4 - 12 所示。

表 4 - 12　典型工艺故障原因示例

(1)	扭矩过大、过小	(11)	工具磨损
(2)	焊接电流、功率、电压不当	(12)	零件漏装
(3)	虚焊	(13)	零件错装
(4)	铸造浇口/通气口不正确	(14)	安装不当
(5)	黏接不牢	(15)	定位器磨损
(6)	热处理时间、温度、介质不当	(16)	定位器上有碎屑
(7)	量具不精确	(17)	机器设置不正确
(8)	工件内应力过大	(18)	程序设计不正确
(9)	润滑不当	(19)	工装或夹具不正确
(10)	无润滑	(20)	加工后时效变形

（4）工艺故障影响分析

工艺故障影响系指同工艺故障模式相对应的工艺缺陷对下游（包括下道或后续）工序或最终产品的影响，应当根据产品工艺特点和工程经验深入分析工艺故障的影响。典型的工艺故障影响示例如表 4-13～表 4-14 所示。

表 4-13　工艺故障对下游工序影响典型示例

（1）	无法取出	（6）	无法配合
（2）	无法钻孔/攻丝	（7）	无法加工表面
（3）	不匹配	（8）	导致工具过程磨损
（4）	无法安装	（9）	损坏设备
（5）	无法连接	（10）	危害操作者

表 4-14　工艺故障对最终产品影响典型示例

（1）	噪音过大	（9）	工作性能不稳定
（2）	振动过大	（10）	损耗过大
（3）	阻力过大	（11）	漏水
（4）	操作费力	（12）	漏油
（5）	散发讨厌的气味	（13）	表面缺陷
（6）	作业不正常	（14）	尺寸、位置、形状超差
（7）	间歇性作业	（15）	非计划维修
（8）	不工作	（16）	废弃

（5）风险优先数分析

风险优先数（RPN）是对工艺故障模式发生的可能性及其后果的严重性的综合度量，其数值等于工艺故障模式的严酷度等级（S）、发生概率等级（O）和被检测难度等级（D）的乘积，即 $RPN = S \times O \times D$，各项等级的分级标准和评分准则如下。

（a）工艺故障模式的严酷度等级（S）

工艺故障模式的严酷度等级系指产品加工、装配过程中的某一工艺故障模式影响的严重程度，用与工艺故障模式对最终产品（组件/装备）和下游（下道/后续）作业的影响相对应的数值表示（S）的评分等级，其分级标准和评分准则如表 4 - 15 所示。

表 4 - 15　工艺故障模式严酷度等级（S）评分准则

严酷度	对下游（下道/后续）作业的影响	对最终产品（组件/装备）的影响	严酷度等级评分等级
灾难	对于操作人员、产品、环境有重大损害	产品损坏或功能丧失	10、9
严重	对于操作人员、产品、环境有严重损害	产品功能基本丧失而无法正常运行，用户非常不满意	8、7
中等	对于操作人员、产品、环境有中等损害	产品运行性能下降，用户不满意，多数（大于 75%）产品有缺陷	6、5、4
轻度	导致产品修理或计划维修	少数（25%～50%）产品有缺陷、或无可识别影响	3、2、1

（b）工艺故障模式的发生概率等级（O）

工艺故障模式的发生概率等级系指某一工艺故障模式发生的可能性，用与工艺故障模式发生概率（P_O）相对应的数值表示（O）的评分等级，其分级标准和评分准则如表 4 - 16 所示。

表 4 - 16　工艺故障模式发生概率等级（O）评分准则

工艺故障模式发生的可能性	工艺故障模式可能发生的概率（P_O）	发生概率等级（O）评分等级（可靠度 R_o）
很高（持续发生的故障）	$P_o \leqslant 10^{-1}$	10 （$R_o \leqslant 0.9$）
	$5 \times 10^{-2} \leqslant P_o < 10^{-1}$	9 （$0.95 \geqslant R_o > 0.9$）
高（经常发生的故障）	$2 \times 10^{-2} \leqslant P_o < 5 \times 10^{-2}$	8 （$0.98 \geqslant R_o > 0.95$）
	$1 \times 10^{-2} \leqslant P_o < 2 \times 10^{-2}$	7 （$0.99 \geqslant R_o > 0.98$）
中等（偶尔发生的故障）	$5 \times 10^{-3} \leqslant P_o < 1 \times 10^{-2}$	6 （$0.995 \geqslant R_o > 0.99$）
	$2 \times 10^{-3} \leqslant P_o < 5 \times 10^{-3}$	5 （$0.998 \geqslant R_o > 0.995$）
	$1 \times 10^{-3} \leqslant P_o < 2 \times 10^{-3}$	4 （$0.999 \geqslant R_o > 0.998$）
低（很少发生的故障）	$5 \times 10^{-4} \leqslant P_o < 1 \times 10^{-3}$	3 （$0.9995 \geqslant R_o > 0.999$）
	$1 \times 10^{-4} \leqslant P_o < 5 \times 10^{-4}$	2 （$0.9999 \geqslant R_o > 0.9995$）
极低（不大可能发生故障）	$P_o < 1 \times 10^{-4}$	1 （$R_o > 0.9999$）

注：工艺故障模式的发生概率（P_O）可以转换成相应的可靠度，亦即不发生工艺故

障的概率：$R_0 = 1 - P_0$。

（c）工艺故障模式的被检测难度等级（D）

工艺故障模式的被检测难度等级系指产品加工在质量控制过程中工艺故障模式被检测出的可能性，用与工艺故障模式的检测方式相对应的数值表示评分等级，其分级标准和评分准则如表 4-17 所示。

表 4-17 工艺故障模式被检测难度（D）评分准则

被检测难度	评分准则	检查方式			推荐的被检测难度方式	评分等级
		A	B	C		
几乎不可能	无法检测			√	无法检测或无法检查	10
很微小	现行检测方式几乎不可能检测出			√	以间接的检查进行检测	9
微小	现行检测方式只有微小的机会能检测出			√	以目视检查进行检测	8
很小	现行检测方式只有很小的机能检测出			√	以双重的目视检查进行检测	7
小	现行检测方式可以检测出		√	√	以现行检测方法进行检测	6
中等	现行检测方式基本上可以检测出		√		在产品离开工位之后以量具进行检测	5
中上	现行检测方式有较多机会可以检测出	√	√		在后续工序中实行误差检测或在工序前进行检测	4
高	现行检测方式很可能检测出	√	√		在当场可以测错，或在后续工序中检测，不接受缺陷产品	3
很高	现行检测方式几乎肯定可以检测出	√	√		当场有自动化量具检测，缺陷产品不能通过	2
肯定	现行检测方式肯定可以检测出	√			工艺过程/产品设计有防错措施，不会生产出缺陷产品	1

注：检测方式：A—采用防错措施；B—使用量具测量；C—人工检查。

（6）工艺过程改进措施

为了减少工艺故障模式的严酷度等级（S）、发生概率等级（O）和被检测难度等级（D），应当对工艺过程采取排除、减轻、控制或避免该工艺故障模式发生的改进措施，原则如下：

1）改进方式依次从工艺设计、产品加工、装配过程采取预防措施；

2）对严酷度等级（S）为灾难性的工艺项目，都应采取改进措施；

3）对风险优先数（RPN）值较大的工艺故障模式，优先采取改进措施：

4）对于影响操作人员安全的工艺故障模式，应采取改进或预防措施。

（7）RPN 值的跟踪分析

对验证工艺过程改进措施的效果进行跟踪分析，对于不再产生工艺故障模式的项目记以"措施有效"；对于没有完全根除工艺故障模式的项目，要继续计算其严酷度等级（S）、发生概率等级（O）、被检测难度等级（D）以及相应的风险优先数（RPN）值。对于 RPN 值仍然不能满足要求的项目，则应进一步改进，并按上述程序反复进行，直到 RPN 值满足最低可接受水平。

（8）工艺 FMECA 工作表格

在完成工艺分析对象的定义、工艺故障模式的相关分析、计算和准备工作之后，要填写工艺 FMECA 工作表，其常用格式如表 4-18 所示。

（9）工艺 FMECA 技术报告

将工艺 FMECA 的结果进行归纳、整理出技术报告。其主要内容包括：概述、产品加工、装配的工艺要求、系统定义及其"工艺流程表"与"工件—工艺关系矩"表、工艺故障模式、原因、影响分析、风险优先数值分析、改进和跟踪、工艺 FMECA 的工作表、分析结论和建议。

4.5.4　工艺 FMECA 应用示例

（1）工艺应用示例定义

（a）示例设计特性介绍

某型导弹固体火箭发动机的"壳体组件"，既是发动机筒体又是弹体的舱段之一，由前端环、壳体圆筒、后端环和弹翼的固定片四个零件焊接而成。壳体组件作为发动机燃烧室的筒体，内壁需粘贴隔热的包覆层，保证筒体能承受高温燃气压力和弹体载荷。

壳体组件的材料是超高强合金钢，要求在热处理前加工完所有尺寸，并为热处理留有一定的收缩量。壳体圆筒属于旋压成形的薄壁圆筒，有一定的圆度误差和扰度，在加工过程中还要防止变形，满足弹体对尺寸精度、形状和位置公差的要求。

表 4-18　工艺 FMECA 工作表

产品名称：（1）	所属装备/型号：（2）		第　　页			共　　页					
产品标识：（1）	生产过程：（3）		填表日期：								
工序编号	工序名称	工序功能/要求	故障模式	故障原因	故障影响			改进前的 RPN 值				改进措施	责任单位	改进措施执行情况	改进执行后 RPN 值				备注
					下道工序影响	组件影响	装备影响	S	O	D	RPN				S	O	D	RPN	
G-1																			
G-2																			
…																			
	（4）	（5）	（6）	（7）	（8）			（9）				（10）	（11）	（12）	（13）				（14）
分析人员：	审核：		批准：								

注：表中各项填写说明如下：

（1）产品名称/标识：被分析产品的名称与代号、图号等；

（2）所属装备/型号：被分析产品安装所在装备和型号的名称；

（3）生产过程：被分析产品生产过程的名称，如加工、装配等；

(4) 工序名称：被分析产品生产过程的工艺流程中工序名称；

(5) 工序功能/要求：被分析工序的功能，如车、铣、钻、装配等；

(6) 故障模式：根据分析判断，参照 4.5.3 节第（2）项的要求填写；

(7) 故障原因：根据分析判断，参照 4.5.3 节第（3）项的要求填写；

(8) 故障影响：根据分析判断，参照 4.5.3 节第（4）项的要求填写；

(9) 改进前的 RPN：根据分析计算，按照 4.5.3 节第（5）项的要求填写；

(10) 改进措施：根据生产经验，按照 4.5.3 节第（6）项要求，经过分析确定；

(11) 责任单位：负责执行改进措施的生产车间的名称；

(12) 改进措施执行情况：工艺改进措施的落实情况或效果；

(13) 改进执行后的 RPN：根据执行结果，按照 4.5.3 节第（7）项的要求填写；

(14) 备注：相应栏目的注释或补充说明。

（b）示例"工艺流程表"

分析壳体组件工艺流程中每道工序的功能和要求，将其中的关键/重要工序的输入条件和输出结果，绘制成部分简略的工艺流程表，见表 4-19。

表 4-19　壳体组件工艺流程表（部分）

组件名称：壳体组合	生产过程：组合加工	第　　页
组件号：	部门名称：	共　　页
装备/型号：某型导弹	填表日期：	
工艺流程	输入条件	输出结果
工序 15（焊）：前、后端环与壳体圆筒焊接	焊接方式：焊接的电流、走枪速度、送丝速度等	焊缝的机械性能、余高、错位量等
工序 75（车）：加工壳体前端的内、外尺寸	机床转速、走刀速度、送给量	几何尺寸、形状和位置误差、表面粗糙度
工序 80（车）：加工壳体总长度和后端内外尺寸	机床转速、走刀速度、送给量	几何尺寸、形状和位置误差、表面粗糙度
工序 115（热处理）：壳体组合件	装炉方式、加热温度、保温时间、冷却介质、炉内真空度	壳体和焊缝处的机械性能
分析人员：	审核：	批准：

（c）示例"工件—工艺关系矩阵表"

根据壳体组合的"工件特性"（加工部位）与"工艺操作"各工序间（工序编号）的关系，绘制出其同主要工艺操作相关的"工件—工艺关系矩阵表"，如表 4 - 20 所示。

（2）工艺应用示例分析

（a）工艺故障模式分析

根据壳体组合的设计要求和工艺流程特点，结合相似工艺故障分析的经验，对产品加工过程在关键工序可能产生的问题进行分析，推断可能出现的工艺故障模式，一般主要有尺寸超差、操作损伤等工艺缺陷。将工艺故障模式列入表 4 - 21 "壳体组件工艺 FMECA 工作表"的相应栏目内。

表 4 - 20　壳体组合的"工件—工艺关系矩阵表"（部分）

组件名称：壳体组合	生产过程：组合加工			第　页		
组件号：	部门名称：			共　页		
装备 / 型号：某型导弹	填表日期：					
工件特性	工艺操作（部 分）					
	15▲	70	75▲	80▲	85	90	115
壳体总长度	√			√			√
前端焊接错位量	√	√	√				
后端焊接错位量	√			√	√		√
前端　园跳动 Φ0.05			√				√
前端　同轴度 Φ0.1			√				
后端　同轴度 Φ0.05					√		√
后端　园跳动 Φ0.005					√		√
后端　对称度 0.1						√	√

注 1：√—表示某"工艺操作"涉及的"零部件特性"；

注 2：▲—表示关键/重要工序。

| 分析人员： | 审核： | 批准： |

（b）工艺故障原因分析

根据壳体组合加工要求和关键工序特点，结合相似工艺故障分析的经验，对产品加工过程可能诱发工艺故障的因素进行分析，判断导致工艺缺陷的原因，这些原因主要有加工失误、时效变形等操作问题。将工艺故障原因列入表 4 - 21 "壳体组件工艺 FMECA 工作表"的相应栏目内。

（c）工艺故障影响分析

根据壳体组合工艺故障模式的类型和特点，结合相似工艺故障分析的经验，认为机械加工缺陷对下道工序没有影响，对发动机筒体的组装性能和最终的导弹使用会有影响。将工艺故障影响列入表 4 -21 "壳体组件工艺 FMECA 工作表"的相应栏目内。

（d）风险优先数分析

根据壳体组合工艺故障模式发生的可能性及其后果的严重性和被检测的难易程度，参照 4.5.3 节的评分准则表 4 - 15，确定工艺故障模式的严酷度等级（S）、发生概率等级（O）和被检测难度等级（D），并计算其乘积 RPN＝ $S \times O \times D$。将风险优先数值的分析计算结果列入表 4 - 21 "壳体组件工艺 FMECA 工作表"的相应栏目内，并对风险优先数值最大的工序给予标识▲。

（e）工艺改进措施分析

根据壳体组合工艺故障模式的风险优先数分析结果，结合相似工艺处理的经验，对其中风险优先数（RPN）值最大的工序增加了预先热处理、钳工打磨或预留车工余量等改进措施。将改进措施列入表 4 - 21 "壳体组件工艺 FMECA 工作表"（后部）的相应栏目内。

（f）改进措施执行效果

根据壳体组合工艺改进措施分析结果，对风险优先数（RPN）值最大的工序增加了预先热处理、钳工打磨或预留余量再加工等改进措施，使风险最大的 5 道工序的 RPN 值从 216 减小到不大于 108，最少降低了 50%，获得了明显的改进效果。将改进措施执行情况及其效果列入"壳体组件工艺 FMECA 工作表"，如表 4 - 21 所示。

表 4 - 21　壳体组合工艺 FMECA 工作表

组件名称：壳体组合　　所属型号：某型导弹　　第　页　　共　页

组件编号：　　生产过程：组合加工　　填表日期：

工序编号	工序名称	工序功能要求	故障模式	故障原因	下道工序影响	组件影响	装备影响	改进前的 RPN 值				改进措施	责任部门	改进措施执行情况	改进后的 RPN 值				备注
								S	O	D	RPN				S	O	D	RPN	
15 ▲	焊接	前、后端与壳体圆筒对接	错位量超差	对接尺寸配合不好	无	包覆层粘接不好	导弹解体	9	6	3	162	使用焊接定位夹具		执行有效					
				焊接过程产生变形					8	3	216	在壳体圆筒旋压后增加热处理工序	焊接车间	增加工热处理工序	7	5	5	105	▲
			焊缝有气孔、夹渣等	工艺参数设置不当	无	降低焊缝部分强度	导弹解体	9	3	3	81	调整焊接工艺参数		执行有效					
				焊接前清理不干净					4	3	108	焊接前清洗后检验		执行有效					

续表　　　　第　页　　共　页

填表日期：

| 组件名称：壳体组合 | | | | 所属型号：某型导弹 | | | | | | | | | | | | | | | |
| 组件编号： | | | | 生产过程：组合加工 | | | | | | | | | | | | | | | |

工序编号	工序名称	工序功能要求	故障模式	故障原因	下道工序影响	组件影响	装备影响	S	O	D	RPN	改进措施	责任部门	改进措施执行情况	S	O	D	RPN	备注
工序 75 ▲	车		尺寸5.5超差	加工失误	无	同前端舱段对接不紧	增加导弹总装难度	4	3	3	36	加工过程及时测量尺寸		执行有效					
			内径1#超差	基准找不同或未找到圆	无	连接榫环难以装入打进	增加导弹总装难度	4	6	3	72	规定将外圆找正在0.05以内再加工		执行有效					
			加工时碰伤筒体	焊缝与基准不同轴	无	影响壳体机械性能	导弹解体	9	8	3	216	增加焊接余量高度，并增加钳工打磨焊缝	机加车间	增加钳工打磨焊缝工序	9	3	3	81	▲
		加工前端内、外圆尺寸	内径2#超差	基准找不圆或未找到圆	无	影响与前端舱段装配	导弹解体	9	4	3	108	规定将外圆找正在0.05以内再加工		执行有效					
				时效后变形				8	8	3	216	预留加工余量，热处理后增加车工工序		留0.5mm余量，增加车工工序	9	4	3	108	▲

续表

组件名称：壳体组合　　所属型号：某型导弹　　生产过程：组合加工　　第　页　填表日期：

组件编号：

工序编号名称	工序功能要求	故障模式	故障原因	下道工序影响	组件影响	装备影响	S	O	D	RPN	改进措施	责任部门	改进措施执行情况	S	O	D	RPN	备注
工序80▲ 车	加工总长、后端外圆及焊缝处	长度超差	焊缝收缩量超过预期值	增加加工难度	不利组件装配	影响弹体总长度	7	5	3	105	预测收缩量，加工过程及时测量		执行有效					
		外径1#超差	加工失误	增加加工难度	不利组件装配	增加总体装配难度	4	6	3	72	加工过程及时测量		执行有效					
		加工焊缝时碰伤筒体	焊缝与基准不同轴	增加加工难度	影响壳体机械强度	导弹解体	9	8	3	216	增加焊接余量并增加加钳工打磨焊缝工序	机加车间	增加钳工打磨焊缝工序	9	5	5	81	▲
工序115 热处理	热处理后车到尺寸	外径2#超差	热处理后变形	增加加工难度	影响后舱段配合	导弹解体	9	8	3	216	预留加工余量，热处理后增加车工序		预留0.5mm余量，增加了车工序，加工到位	9	4	3	108	▲

分析人员：　　　　　　审核：　　　　　　批准：

（3）工艺应用示例报告

按照 4.5.3 节第（8）项要求，编写《XX 固体火箭发动机壳体组合 FMECA 技术报告》。其中壳体组合的定义及其"工艺流程表"与"工件—工艺关系矩阵表"、加工过程的工艺故障模式、影响等分析过程和工艺 FMECA 工作表，可以直接列入示例的上述内容。其分析结论——效果与评价如下。

本文依据国家军用标准 GJB/Z 1391 的要求，对固体火箭发动机的壳体组件完成了工艺过程的故障模式、影响和危害性分析，并采取了有效的工艺改进措施，消除了多数工艺故障模式，大幅度降低了关键工艺过程的风险数值，提高了壳体组件的工艺可靠性，取得了应有的分析效果。

（4）工艺分析简化要点

为了适应在可靠性工程基础比较薄弱的条件下进行工艺过程分析工作要求，特将标准规定的工艺 FMECA 中故障模式风险优先数的评分等级进行适当简化。其余分析程序与要点不变。

参照系统安全性分析方法，移植其中安全性评价分级要求和风险指数评定准则，简化工艺故障模式影响的严酷度评分等级、潜在可能性评分等级，采用风险指数评价方法，明确风险水平的评价准则，其要点如下。

（a）简化严酷度评分等级（S）

将工艺故障模式影响的严酷度评分等级（S）由 10 级简化为 4 级，如表 4 - 22 所示。

表 4 - 22　工艺故障模式影响的严酷度评分等级

严酷度	对下游（下道/后续）作业的影响	对最终产品（组件/装备）的影响	严酷度评分等级
灾难	对于操作的人员、产品、或环境有重大损害	产品损坏或功能丧失	4
严重	对于操作的人员、产品、或环境有严重损害	产品功能基本丧失而无法正常运行，用户非常不满意	3

续表

严酷度	对下游（下道/后续）作业的影响	对最终产品（组件/装备）的影响	严酷度评分等级
中等	对于操作的人员、产品、或环境有中等损害	产品运行性能下降，用户不满意，多数（大于 75%）产品有缺陷	2
轻度	对人员、环境没有损害，部分产品返工修理	少数（25%~50%）产品有缺陷、或无可识别影响	1

（b）简化潜在可能性等级

将工艺故障模式的发生概率（O）和被检测难度（D），合并为工艺故障模式的潜在可能性等级，并由 10 级简化为 5 级，如表 4 - 23 所示。

表 4 - 23　工艺故障模式潜在可能性评分等级

工艺故障模式潜在可能性	工艺故障模式发生概率（O）	工艺故障模式被检测难度（D）*	潜在可能性评分等级
很高	持续发生	几乎不可能	5
高	经常发生	较小可能	4
中等	偶尔发生	通常可能	3
低	很少发生	较大可能	2
极低	不大可能发生	肯定可能	1

* 注：被检测难度（D）不分检测方式，默认分析人员所在单位已有检测方式。

（c）采用风险指数评价方法

将工艺故障模式的风险优先数评价简化为风险指数矩阵评价方式，如表 4 - 24 所示。

表 4 - 24　工艺故障模式综合评价的风险指数评价矩阵表

潜在可能性评分等级	工艺故障模式影响的严酷度评分等级			
	Ⅰ级（灾难的）	Ⅱ级（严重的）	Ⅲ级（中等的）	Ⅳ级（轻度的）
A 级（很高）	1A	2A	3A	4A
B 级（高）	1B	2B	3B	4B
C 级（中等）	1C	2C	3C	4C
D 级（低）	1D	2D	3D	4D
E 级（极低）	1E	2E	3E	4E

（d）风险水平

风险水平分类是将风险指数按照可接受程度划分的评价准则，工艺故障模式综合评价风险等级的接受准则，风险水平分类如表 4 - 25 所示。

表 4 - 25　风险水平分类表

风险指数	风险水平	评价准则
1A、1B、1C、2A、2B、	高	不可接受
1D、2C、3A、3B	严重	需要防范的风险
2D、3C、1E、2E、3D、3E、4A、4B	中	勉强接受的风险
4C、4D、4E	低	可接受的风险

4.6　故障树分析要点

4.6.1　故障树分析基础

（1）故障树定义与符号

（a）故障树

采用事件符号、逻辑门符号与转移符号描述系统中各种事件之间的因果关系，构成倒立树状的逻辑因果关系图。其中逻辑门输入事件是因，其输出事件是果。

（b）故障树分析

选择已有或会有致命性故障、灾难性危险等重大事件作为顶事件，采用自上而下逐级分析的演绎法，寻找顶事件发生的所有原因或原因组合，用于改进设计，消除潜在缺陷。

（c）故障树事件

将描述系统及其组成的故障状态或异常情况称为故障事件，各种完好状态或正常情况称为成功事件，两者都称为事件，分为底事件、结果事件和特殊事件。其相应定义、相互关系与符号如下。

1）底事件。导致故障或危险产生的原因事件，位于故障树的底端，总是逻辑门的输入事件，分为基本事件和未探明事件。

a）基本事件。无需探明其发生原因的底事件。

b）未探明事件。暂时不必或不能探明其发生原因的底事件。

2）结果事件。由故障因素导致的事件。位于逻辑门的输出端，分为顶事件和中间事件。

a）顶事件。由故障因素导致的最终结果事件。位于故障树的顶端，是逻辑门的最终输出事件。

b）中间事件。位于底事件与顶事件之间的结果事件，既是逻辑门的输出事件，又是上一逻辑门的输入事件。

3）特殊事件。在故障树分析中，采用特殊符号表示的事件，包括开关事件和条件事件。

a）开关事件。已经发生或必将要发生的特殊事件。

b）条件事件。控制逻辑门起作用的特殊事件。

4）故障事件的相互关系与所用符号，见图 4 - 9。

（2）故障树状态与特性

（a）故障树状态

根据故障树的底事件及其逆事件所描述的状态和组成结构，判别故障树的状态，其要点如下。

1）两状态故障树。故障树的底事件描述一种状态，而其逆事件

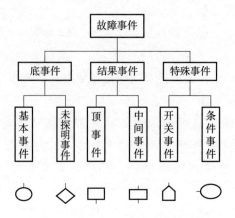

图 4 - 9　故障事件相互关系与符号图

也只描述一种状态（随着底事件的出没只有正反两种状态）。

2）多状态故障树。故障树的底事件描述一种状态，而其逆事件包含两种或两种以上的互不相容的状态和相应状态的底事件。

3）规范化故障树。仅由底事件、结果事件以及"与"、"或"、"非"三种逻辑门组成的故障树（为定性分析做准备）。

注：一般故障树多为两状态故障树。多状态故障树的定量分析，要把多状态故障事件的最小割集用多元布尔代数不交化，详见 GJB/2768A《故障树分析指南》的附录 B。

（b）故障树特性

在分析故障树之前，首先要根据其结构函数判别其特性是否具有关联性和单调性，其要点如下。

1）结构函数。设 Y 为描述顶事件状态的布尔变量，故障树的结构函数如下

$$Y = \varPhi\ (x_1,\ x_2,\ \cdots,\ x_n) = \begin{cases} 1, & \text{顶事件发生} \\ 0, & \text{顶事件不发生} \end{cases}$$

式中　$x_1,\ x_2,\ \cdots,\ x_n$，描述底事件状态的布尔变量。

$$x_i = \begin{cases} 1, & \text{底事件发生} \\ 0, & \text{底事件不发生} \end{cases} \qquad i = 1,\ 2,\ \cdots,\ n$$

2）关联性。对于若存在 $\Phi\,(x_1,\ x_2,\ \cdots,\ x_{i-1},\ \bullet\ ,\ x_{i+1},\ \cdots,\ x_n)$，使得 $\Phi\,(x_1,\ x_2,\ \cdots,\ x_{i-1},\ 1,\ x_{i+1},\ \cdots,\ x_n)\ \neq\Phi\,(x_1,\ x_2,\ \cdots,\ x_{i-1},\ 0,\ x_{i+1},\ \cdots,\ x_n)$，则称状态变量 x_i 与结构函数 $\Phi\,(x_1,\ x_2,\ \cdots,\ x_n)$ 是关联的，或称第 i 底事件与顶事件是关联的。亦即任一底事件发生与否，故障树的结构函数都不相等（都影响顶事件发生与否。对顶事件没有影响——不关联的底事件可以删除。

3）单调性。若由 $x_i\leqslant y_i$，$i=1,\ 2,\ \cdots,\ n$，可推得。

$\Phi\,(x_1,\ x_2,\ \cdots,\ x_n)\leqslant\Phi\,(y_1,\ y_2,\ \cdots,\ y_n)$ 则称结构函数 Φ $(x_1,\ x_2,\ \cdots,\ x_n)$ 是单调的。亦即所有底事件发生可能性增大，顶事件发生的可能性也增大。仅有故障事件、与门和或门组成的故障树，具有单调性。

4）非单调性。在故障树中存在相互抑制的底事件，即有些底事件同时出现时，顶事件反而不发生。

5）单调关联系统。通常不带反相器和负反馈且不存在与系统可靠性无关单元的系统，都属于单调关联系统，其故障树都是单调、关联故障树。

（3）故障树分解与符号

在经过规范化和简化的故障树中，为了简化主要故障树的结构，将故障树分解成若干模块，找出其中最大模块和模块子树。对模块子树采用等效的虚设底事件——转移符号代替，以便单独进行分析。其分解模块与常用符号如下。

（a）模块

至少有两个底事件的集合，只有这些底事件向上到达同一逻辑门并由此到达顶事件。

（b）最大模块

在故障树中包含底事件最多，没有被其他模块包含的大型模块。

（c）模块子树

模块连同向上到达同一逻辑门的全部中间逻辑门和事件构成较小的故障树。

（d）底事件集合

为了分析导致顶事件发生的可能原因和原因组合，需要对底事件进行集合分类，找出割集和最小割集，其要点如下。

1）割集。在单调故障树中若干底事件的集合，当这些底事件发生时，顶事件必然发生。

2）最小割集。割集中去掉任一底事件，顶事件就不会发生。导致顶事件发生的最少底事件集合。每一最小割集都是导致顶事件发生的一种故障模式。

（e）故障树常用符号

1）逻辑门。表示输出事件与输入事件之间逻辑关系的符号。包含与门、或门、非门、顺序与门、表决门、异或门、禁门。

a）与门。表示仅当所有输入事件发生时，输出事件才发生。其符号为：。

b）或门。表示至少一个输入事件发生时，输出事件才发生。其符号为：。

c）非门。表示输出事件是输入事件的逆事件。其符号为：。

d）顺序与门。表示仅当输入事件按规定顺序发生时，输出事件才发生。其符号为：。

e）表决门。表示仅当 n 个输入事件中有 r 个或 r 个以上事件发生时，输出事件才发生。或门和与门都是表决门的特例，或门 $r=1$，与门 $r=n$。其符号为：。

f）异或门。表示仅当单个事件发生时，输出事件才发生。其符号为：。

g）禁门。表示仅当禁门打开条件事件发生时，输入事件的发生方能导致输出事件的发生。其符号为：。

2）转移符号。为了避免画图时重复和使图形简明而设置的符号，包括相同转移符号和相似转移符号。

a）相同转移符号：

表示"下面转移到字母数字（A1）为代号所指的相同子树去"。表示"由具有相同字母数字（A1）的符号处转移到这里来"。

b）相似转移符号：

表示"下面转移到字母数字（B1）为代号所指结构相似而事件标号不同的子树去"。表示"相似转移符号（B1）所指子树与此处子树相似但事件标号不同。"

4.6.2　故障树建造要点

（1）基本规则

建造故障树的基本原则如下：

1）明确建树的边界条件和考虑的影响因素，简化系统组成；

2）严格定义故障事件，准确描述系统故障状态和发生条件；

3）从上向下逐级查找"直接原因事件"直至演绎为基本事件；

4）要从文字上明确定义中间事件，防止门—门直接相连；

5）用具体的直接事件逐步取代抽象的间接事件，不出事件串；

6）"共因事件"采用相同事件标号，"互斥事件"应用异或门。

（2）建树程序

建造故障树的主要程序如下：

1）将顶事件作为输出事件；

2）分析导致输出事件发生的所有直接原因作为输入事件；

3）建立输入事件与输出事件之间的逻辑门关系；

4）画出输入事件与输出事件的一级故障树；

5）依次类推：将上一级输入事件作为下一级输出事件，再分析下一级输出事件的所有直接原因——输入事件，逐次分析其间的逻辑门关系并延伸故障树，直至所有输入事件都是底事件，故障树建成。

（3）输入事件选择

单元性故障总是经过逻辑与门列出可能存在以下三类故障，将其作为输入事件：

1）原发故障，单元在规定环境条件下，由于内在原因产生故障；

2）诱发故障，单元处于超过规定应力的环境条件下发生的故障；

3）指令故障，单元收到错误指令引起的动作时机或位置的故障。

可靠性保证工程中通常遇到的典型故障树，如图 4 - 10 所示。

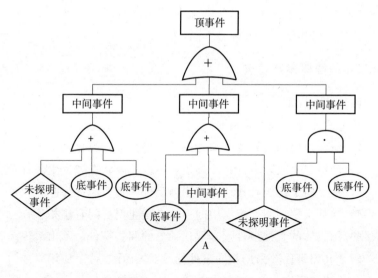

图 4 - 10　典型故障树图

（4）故障树规范化

将故障树中各种特殊事件和逻辑门进行转换和删减，转变成仅含底事件、结果事件以及"与"、"或"、"非"三种逻辑门的故障树。转换和删减的程序与规则如下。

1）用符号代替文字。将故障树中事件的定义和描述文字用符号代替，如顶事件和中间事件用 E_1，E_2，…，E_n 代替，底事件用 X_1，X_2，…，X_n 代替。

2）特殊事件处理规则。对于未探明事件视其重要性和数据情况，可作为基本事件或者删除；将开关事件作为基本事件；对条件事件按照特殊门的等效变换规则。

3）特殊门等效变换规则。顺序与门变换与门；表决门变换或门和与门组合；异或门变换或门、与门和非门组合；禁门变换与门。

（5）故障树的简化

故障树简化规则如下：

1）用相同转移符号表示相同的故障树；

2）用相似转移符号表示相似的故障树；

3）按照集合运算规则去掉明显的逻辑多余事件和多余门：

结合律：$(A+B) + C = A+B+C$；$(AB) C = ABC$

分配律：$AB+AC = A (B+C)$；$(A+B) (A+C) = A+B+C$

吸收律：$A (A+B) = A$；$A+AB = A$

幂等律：$A+A = A$；$AA = A$

互补律：$A \overline{A} = \Phi$（空集）

4.6.3　故障树分析方法

故障树分析方法有定性和定量两类分析方法，其要点如下。

（1）定性分析方法

故障树定性分析的基本任务在于找出故障树的所有最小割集。其目的、程序和方法如下。

（a）分析目的

找出导致顶事件发生的原因事件及其组合，亦即识别出导致顶事件发生的各种故障模式集合，从而发现潜在故障和设计的薄弱环节，以便改进设计，用以指导故障诊断。

（b）分析程序

对故障树进行规范化、简化和必要的模块分解；根据故障树结采用下行法或上行法求最小割集；必要时将模块的最小割集转换成底事件的割集 C_1，C_2，…，C_r；将顶事件表示为最小割集中底事件的积之和，即布尔最简式

$$T = \sum_{j=1}^{r} \bigcap_{x_i \in C_j} X_i, X_i —— 第\ i\ 底事件 \qquad (4-20)$$

最后对最小割集进行对比分析，分析底事件的重要性。

（c）分析方法

求最小割集与对比分析方法的要点如下。

1）下行法——排队法。从故障树顶事件开始，逐级向下查找出割集，依次将逻辑门的输出事件置换成输入事件。遇到与门就将其输入事件排成同一行（取事件的布尔积），遇到或门就将其输入事件各自排成一行（取事件的布尔和）……直到全部输入事件都置换成底事件，即最后一列的每一行都是故障树的割集。通过割集间的比较，按照布尔代数运算规则进行合并消元，最终得到故障树的所有最小割集。

2）上行法——运算法。从故障树底事件开始，逐级向下进行集合运算。将或门的输出事件表示为输入事件的并（布尔和），将与门的输出事件表示为输入事件的交（布尔积），最后按照布尔代数的吸收律和等幂律简化，将顶事件表示成底事件积之和的最简式。其中每一积项对应于故障树的一个最小割集，全部积项就是故障树的所有最小割集。

3）对比分析。对所有最小割集按照阶数（底事件个数）大小排序。在各个底事件发生概率较小且差别不大的情况下，阶数越小的最小割集越重要，在不同最小割集中重复出现次数越多的底事件越重要。定性比较结果可用于：故障分析诊断、确定维修次序、指示改进方向。

（2）定量分析方法

在底事件互相独立和已知发生概率的条件下，可对故障树进行定量分析，其基本任务是分析并计算顶事件发生概率和底事件重要度，其定量计算方法如下。

（a）顶事件概率

已知底事件 x_1，x_2，…，x_n 发生概率为 q_1，q_2，…，q_n，则顶事件发生概率的函数为

$$P(T) = Q(q_1, q_2, \cdots, q_n)$$

其中
$$T = \sum_{j=1}^{r} \bigcap_{X_i \in C_j} X_i \tag{4-21}$$

顶事件发生概率有一阶、二阶、平均和独立几种近似计算方法，分别为

$$一阶近似计算：P_1(T) = \sum_{i=1}^{N_k} P(K_i) \tag{4-22}$$

式中　K_i——第 i 个最小割集；

　　　N_k——最小割集总数。

$$二阶近似计算：P_2(T) = P_1(T) - \sum_{i \triangleleft j=2}^{N_k} P(K_i K_j) \tag{4-23}$$

$$平均近似计算：P(T) = P_1(T) - \frac{1}{2} \sum_{i \triangleleft j=2}^{N_k} P(K_i K_j) \tag{4-24}$$

$$独立近似计算：Q = 1 - \bigcap_{j=1}^{r} [1 - P(K_i)] \tag{4-25}$$

（b）底事件重要度

某一底事件的重要度表示相应故障事件对于系统顶事件发生概率影响的重要程度。通过底事件重要度的定量计算，可以更加有利于故障分析诊断、确定维修次序、指示改进方向。

在故障树所有底事件 x_1，x_2，…，x_n 互相独立的条件下，已知底事件发生的概率为 q_1，q_2，…，q_n，顶事件发生的概率为 $Q(q_1, q_2, \cdots, q_n)$，可以计算底事件的如下几种重要度。

1）结构重要度。从结构角度表示某一底事件在故障树中的重要度，计算式如下

$$I_{\phi}(i) = \frac{1}{2^{n-1}} \sum_{(x_1,\cdots,x_{i-1},\cdot,x_{i=1},\cdots,x_n)} \left[\varPhi(x_1,x_2,\cdots,x_{i-1},1,x_{i+1},\cdots,x_n) \right.$$
$$\left. - \varPhi(x_1,x_2,\cdots,x_{i-1},0,x_{i+1},\cdots,x_n) \right] \tag{4-26}$$

2）概率重要度。概率重要度表示某一底事件发生概率的微小变化而导致顶事件发生概率的变化率，计算式如下

$$I_{\mathrm{P}}(i) = \frac{\partial}{\partial q} q(q_1,q_2,\cdots,q_n) \tag{4-27}$$

3）相对概率重要度。相对概率重要度表示某一底事件发生概率的微小相对变化而导致顶事件发生概率的相对变化率，计算式如下

$$I_{\mathrm{C}}(i) = \frac{q_i}{q(q_1,q_2,\cdots,q_n)} I_{\mathrm{P}}(i) \tag{4-28}$$

4）相对割集重要度。相对割集重要度适用于某一底事件重复出现在多个最小割集中，表示包含该底事件的所有故障模式中至少有一个发生的概率与顶事件发生概率之比，计算式如下

$$I_{\mathrm{RC}}(i) = \frac{q_i(q_1,q_2,\cdots,q_n)}{q(q_1,q_2,\cdots,q_n)} \tag{4-29}$$

4.6.4　故障树分析示例

在型号研制中曾经做过的故障树分析示例如下。

（1）顶事件

某型号发射后飞行异常，由照片发现左下部有一片"翼面未锁定"。

（2）工作原理

翼面利用拉簧的弹力展开，到位后通过杠杆解除锁定销的约束，弹出锁定销将翼面锁定。操作过程误碰或发射过程受力可能导致锁定销失效。

（3）故障树建造

按照故障树建造的规则和程序，将顶事件作为输出事件，将分析导致输出事件发生的所有直接原因作为输入事件，建立输入事件

与输出事件之间的逻辑门关系。

依次类推：将上一级输入事件作为下一级输出事件，再分析下一级输出事件的所有直接原因——输入事件，逐次分析其间的逻辑门关系并延伸故障树，直至所有输入事件都是底事件。

建成的示例故障树，如图 4 - 11 所示。

（4）规范化处理

用符号 E_1，E_2，…，E_n 代替故障树中顶事件和中间事件的文字描述，并用符号 X_1，X_2，…，X_n 代替底事件的文字描述，其中相同底事件采用相同的符号。

对于"翼面受力变形"，作为可以防止的未探明事件，予以删除。建成示例的规范化故障树如图 4 - 12 所示。

（5）定性分析

采用下行法求故障树的最小割集。从顶事件开始，逐级向下巡查，顺次将逻辑门的输出事件置换为输入事件。遇到与门将其输入事件横向排列（取输入事件的交——布尔积），遇到或门将其输入事件竖向排列（取输入事件的并——布尔和），直到全部置换为底事件，即得到全部底事件的集合。

$$
E_1 \begin{cases} E_2 \rightarrow \begin{cases} X_1 \\ E_4 \begin{cases} X_7 \\ E_7 \begin{cases} X_2 \\ E_{10} \rightarrow X_3 X_4 \\ E_{11} \begin{cases} X_5 \\ E_{14} \rightarrow X_3 X_6 \end{cases} \end{cases} \end{cases} \\ E_3 \rightarrow \begin{cases} E_5 \begin{cases} X_8 \\ X_9 \end{cases} \\ E_6 \begin{cases} E_9 \rightarrow X_{12} X_{13} \\ E_8 \rightarrow X_{10} E_{12} \rightarrow X_{10} X_3 X_{11} \end{cases} \end{cases} \end{cases}
$$

最后一列的每一行均为一割集。本例故障树无需通过集合运算进行简化和吸收，就能得到全部最小割集，按照其阶数，即所含底事件数目，从小到大排列如下：

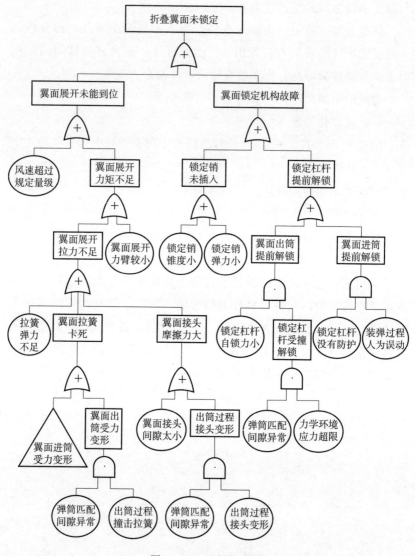

图 4 - 11　示例故障树

X_1，X_7，X_2，X_5，X_8，$X_3 X_4$，$X_3 X_6$，$X_{12} X_{13}$，$X_{10} X_3 X_{11}$

在每一底事件发生概率较小且相差不大的条件下，阶数越小的最小割集越重要，在同阶最小割集中出现次数越多的底事件越重要。

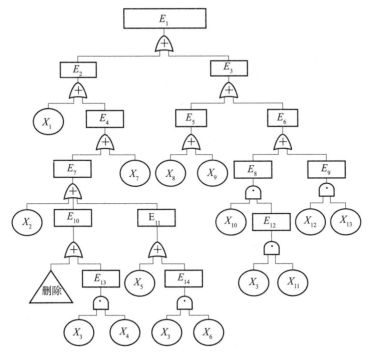

图 4 - 12 示例规范化故障树

在产品改进设计中，应当根据最小割集和底事件重要程度采取可能的改进措施，以期降低系统顶事件的故障率。

在本示例中，"匹配间隙异常"这一底事件在最小割集中出现次数最多（3 次）。因此，调整和控制匹配间隙，防止翼面受力变形，应当成为保证翼面展开锁定的最重要措施。后续试验证明，控制匹配间隙、增加防碰档块，可以保证翼面正常展开和锁定。验证了故障树分析的正确性与有效性。

参 考 文 献

[1] GB 7826－1987. 系统可靠性分析技术：失效模式和效应分析程序.

[2] GJB 450A－2004. 装备可靠性工作通用要求.

[3] GJB 451A－2005. 可靠性维修性保障性术语.

[4] GJB 813－1990. 可靠性模型的建立和可靠性预计.

[5] GJB 1391－1992. 故障模式、影响及危害性分析程序.

[6] GJB 3404－1998. 电子元器件使用管理要求.

[7] GJB 6000－2001. 标准编写规定.

[8] GJB/Z 27－1992. 电子设备可靠性热设计手册.

[9] GJB/Z 35－1993. 元器件降额准则.

[10] GJB/Z 89－1997. 电路容差分析指南.

[11] GJB/Z 102－1997. 软件可靠性和安全性设计准则.

[12] GJB/Z 141－2004. 军用软件测试指南.

[13] GJB/Z 299C－2006. 电子设备可靠性预计手册.

[14] GJB/Z 768A－1998. 故障树分析指南.

[15] GJB/Z 1391－2006. 故障模式、影响及危害性分析指南.

[16] QJ 2668－1994. 航天产品可靠性设计准则：电子产品可靠性设计准则.

[17] QJ 3051－1998. 航天产品测试性设计准则.

[18] QJ 3139－2001. 危险分析指南和程序.

[19] QJ 3127－2000. 航天产品可靠性增长试验指南.

[20] 陆庭孝. 可靠性设计与分析 [M]. 北京：国防工业出版社，1995.

[21] 龚庆祥. 型号可靠性工程手册 [M]. 北京：国防工业出版社，2007.

[22] MIL－HDBK－217F. 电子设备可靠性预计 [S]. 北京：中国航空工业第三〇一研究所，2000.

第5章　软件可靠性设计与分析

5.1 软件可靠性特点

软件可靠性也是在规定的条件下和规定的时间内，完成规定功能的能力。但与硬件可靠性相比具有显著差异，其主要特点如下。

（1）规定的内涵不同

规定的条件包括软件运行的软、硬件环境和操作剖面，规定的时间通常是可能激励软件发生失效的执行时间，规定功能是不引起系统失效必须具备的功能。

（2）影响的因素较多

软件可靠性的影响因素多，除了同软件的缺陷有关外，还与系统输入及系统使用有关。软件的缺陷主要来源于开发人员的偶然失误，对操作和运行环境的容错措施处置不当，测试覆盖率不能满足要求，因而导致软件的残存缺陷。

（3）缺陷的起因复杂

软件产品是思维逻辑的表示，具有无形性、一致性、耐久性和复杂性，软件运行路径多，逻辑组合变化复杂，其缺陷具有传递性和扩展性。

（4）工程基础薄弱

软件可靠性工作起步晚，经验少，工程基础差，技术难度大。软件可靠性的基础理论、保证途径和基本方法，都借鉴了硬件可靠性工程。

（5）需要全程可控

软件的可靠性基础是软件的工程化，对软件生存周期全过程都要分阶段进行设计与确认。软件开发的过程控制主要依靠软件文档、软件评审和软件配置等管理手段实现，要依次保证设计文档、评审、配制和测试验证过程的透明、可控、规范，逐步完善设计。

5.2　软件可靠性设计

5.2.1　软件可靠性定性设计

同硬件可靠性定性设计相似，为了全面保证软件可靠性要求，承制单位要编制和实施专用的软件可靠性设计准则，对软件设计过程实施规范化的控制，并且编写相应的符合性报告，作为校对、审批和评审的依据。

编制软件可靠性设计准则，应当参照 GJB/Z 102，结合软件工程经验和产品特点，按照软件系统设计、软件冗余设计、接口设计、简化设计、健壮设计原则，编制软件可靠性设计准则，在软件程序设计中采用防错设计、容错设计、查错设计、纠错设计等准则，消除或减少软件差错对系统的影响。

5.2.2　软件可靠性定量设计

软件常用的可靠性参数有失效率 λ、可靠度 R、平均失效前时间 MTTF。其中 MTTF 是当前时间到下一次失效时间的均值，由于软件的失效都可以修复，一般不用平均失效间隔时间 MTBF。仅当失效时间服从指数分布时，即失效率不随时间变化时，MTTF 与 λ 存在倒数关系。

软件可靠性定量设计，主要是指软件可靠性的分配，将系统失效率分配给计算机软件配制项（CSCI）或计算机软件部件——软件单元。软件单元通常包括输入、输出、内部文件、外部接口、外部查询。

常用的软件可靠性分配方法如下。

（1）等值分配法

对具有相似特点的 N 个串行软件单元，其失效率等于系统失效率，即

$$\lambda_i = \lambda_S \qquad (i = 1, 2, \cdots, N) \qquad (5-1)$$

式中　λ_i——软件单元的失效率；

　　　λ_S——系统失效率规定值。

对具有相似特点的 N 个并行软件单元，其失效率等于系统失效率的 $1/N$，即

$$\lambda_i = \lambda_S/N \qquad (i = 1, 2, \cdots, N) \qquad (5-2)$$

（2）关键度分配法

根据 FMEA 技术和专家评分，确定每一软件单元失效对系统可靠性的影响程度——关键度，进而分配软件失效率。软件单元的关键度越高，其关键度选取的权值越低，分配的失效率越低。系统关键度等于各软件单元关键度之和，软件单元失效率取决于其关键度与系统关键度的比值，即

$$C_S = \sum_{i=1}^{N} C_i \qquad (5-3)$$

$$\lambda_i = \lambda_S \, C_i / C_S \qquad (5-4)$$

式中　C_S——系统关键度；

　　　C_i——软件单元的关键度。

（3）复杂度分配法

根据软件的结构复杂性、软件产品的功能点或特征点，确定软件单元的复杂程度和相应的权值，分配其失效率。软件单元的复杂度越高，选取的权值越高，分配的失效率越高。系统复杂度等于各软件单元复杂度之和，软件单元失效率取决于其复杂度与系统复杂度的比值，即

$$W_S = \sum_{i=1}^{N} W_i \qquad (5-5)$$

$$\lambda_i = \lambda_S \, W_i / W_S \qquad (5-6)$$

式中　W_S——系统复杂度；

　　　W_i——软件单元的复杂度。

5.2.3　软件可靠性测试要点

软件可靠性测试包括：可靠性增长测试和可靠性验证测试，其测试要求与测试要点如下。

（1）软件可靠性测试要求

对于有可靠性定量要求的关键软件，在软件完成编码、单元测试、部件集成测试以及常规系统测试后进行可靠性增长测试，其目的是通过"试验－分析－纠正"过程，发现并排除程序中影响软件可靠性的缺陷，实现其可靠性增长。同时根据失效数据评估和预测软件可靠性。

软件可靠性验证测试，在软件验收阶段，对于关键软件按照实际的使用方式和操作剖面（软件一组操作及其发生的概率）进行验证测试，其目的是验证在给定的统计置信度下软件的可靠性，这时需要选定可靠性统计测试方案，包括检验下限 θ_1——拒收的 MTTF、检验上限 θ_0——可接收的 MTTF、生产方风险 α、使用方风险 β。其中 θ_1 可取设计定型最低可接受 MTTF 值，θ_0 应小于等于预计值，θ_0/θ_1 为鉴别比 d，α、β 值一般选取 20%，特殊情况下可取 30%。可靠性参数估计的置信度 $C = 1 - 2\beta$。

（2）软件可靠性增长测试

软件可靠性增长测试的程序，包括制定测试计划、编制测试说明、测试并收集信息、可靠性评估与预测、修改软件与回归测试以及编写测试报告，其要点如下。

1）制定测试计划，明确测试对象的定义、测试的目的、要求、组织、进度、测试环境说明、信息收集要求、可靠性评估方法、失效处理要求和测试评审点。

2）编制测试说明，描述软件实际使用时的操作剖面（定量表达用户对软件使用的统计规律），确定测试用例及其生成方法与测试脚本，描述测试所用的软硬件环境。

3）测试并收集信息，使软件在测试环境中运行，在测试环境的输入端施加已生成的测试数据，收集测试结果并与预期结果比较，判断软件运行的正确性，同时收集测试用例问题和失效数据。

4）可靠性评估与预测，根据软件在操作剖面中生成的测试数据，剔除相同缺陷引起的失效，评估软件当前的可靠性水平，在满足可靠性指标要求时停止测试，否则生成更多用例继续测试，并预测达到可靠性指标的时间，为测试管理提供依据。

5）修改软件与回归测试，在软件测试完成后，开发方要对测试中出现的问题进行分析和缺陷定位，并对软件进行修改和记录。软件修改后要重新测试，验证修改的正确性且未引入新的缺陷。

6）编写测试报告，主要内容包括测试概述、测试结果（测试记录、问题报告单、更改单）、可靠性评估结果。

（3）软件可靠性验证测试

软件可靠性验证测试，首先选择测试方案，然后制定测试程序，其要点如下。

（a）选择验证测试方案要点

常用的验证测试方案有无失效运行方案、定时测试方案和序贯测试方案，其选择要点如下。

1）无失效运行方案。该方案适用于可靠性很高的软件或验证测试已经判收修改后的软件进行验证测试。按照公式计算测试时间 $T = -\theta_1 \mathrm{Ln}\beta$，如果在给定的测试时间内无失效，则接收软件；有失效则拒收软件。

2）定时测试方案。该方案便于资源配置与管理，但有信息损失。根据开发方与订购方商定的测试方案（θ_1、d、α、β），从 GJB 899A 提供的定时试验统计方案表查得测试时间 t（θ_1 的倍数）、拒收失效数 R_e 和接收失效数 A_c。在给定的测试时间内，实际失效数 $r \leqslant A_c$ 则接收软件，实际失效数 $r \geqslant R_e$ 时则拒收软件。

根据定时测试的时间 t、测试结束时出现的失效数 r 和置信度 C，按照 GJB 899A 推荐的相应方法，对接收或拒收的软件进行相应的可靠性参数估计。

3）序贯验证测试方案。该方案能充分利用软件失效信息，对可靠性较高或较低的软件可以作出更快的判决。根据订购方与开发方商定的测试方案（θ_1、d、α、β），按照 GJB 899A 推荐的方法画出测试判决图，再将每次失效发生的时间在图上描点，落在"接收区"则接收软件，落在"拒收区"则拒收软件，落在"继续测试区"则继续测试直至有判定结果。根据测试中记录的每一失效发生时间 t_i 和给定的置信度 C，按照 GJB 899A 推荐的相应方法，对接收或拒收的软件进行相应的可靠性参数估计。

（b）制定验证测试程序要点

1）制定测试计划，明确测试的对象、目的和进度、选用的测试方案、测试的组织、场所和评审点。

2）编写测试说明，描述软件实际使用时的操作剖面、测试用例及其生成方法和测试所有的软硬件环境。

3）实施验证测试，使软件在测试环境中运行，在测试环境的输入端施加已生成的测试数据，收集失效数据、进行参数评估、作出接收、拒收判决。

4）编写测试报告，主要内容包括测试概述、测试结果（测试记录、问题报告单、接收、拒收判决结果）、可靠性评估结果。

5.3　软件可靠性分析

5.3.1　软件 FMECA 工作程序

软件 FMECA 是在软件开发早期，通过识别软件故障模式，研究分析各种故障模式的原因及其影响，寻找消除和减少其有害后果的方法，以便尽早发现潜在问题，并采取相应的措施，从而提高软件的可靠性和安全性。

常用软件的特性分为嵌入式与非嵌入式两类。嵌入式软件系指嵌入计算机系统用的软件，该系统归结在一个主要目的不是进行计算的较大系统中，成为其完整不可分开的组成部分。

嵌入式系统的硬件和软件均按规定功能要求进行配置并同步设计，在可靠性与安全性等方面相互联系与制约，具有智能化和实时控制的特征，且有质量轻、使用与安装方便等特点，在装备中得到广泛应用。

本节所述软件 FMECA，均以嵌入式软件为对象，其目的是找出嵌入式软件所有可能存在的危害软件/硬件综合系统可靠安全运行的故障模式，分析其产生软件或硬件故障的原因、影响及后果，并在设计上采取相应的改进措施，以保证嵌入式软件/硬件综合系统可靠安全地运行。

软件 FMECA 的程序与硬件 FMECA 的程序相似，先进行软件系统定义、故障模式、原因、影响和改进措施分析（FMEA），再进行软件危害性分析（CA），其工作程序如图 5-1 所示。

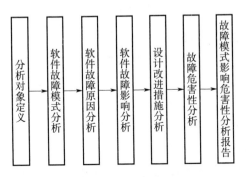

图 5-1　软件 FMECA 工作程序图

5.3.2　软件 FMECA 工作要求

FMECA 软件主要用于模拟系统运行中丧失的部分或全部功能，对出现偏离预期状态的事件进行失效模式与影响分析，其目的是通过识别软件失效模式，分析造成的后果及其产生的原因，寻求消除和减少其有害后果的方法，采取改进措施以提高软件可靠性。

　　软件 FMECA 工作起步晚、技术新、比硬件 FMECA 的难度更大，其工作要求概括如下。

　　（1）分析对象要求

　　明确软件系统的功能、组成、用途、工作模式、约束条件、失效判据等，将软件分解为若干逻辑部分，以确定分析的层次级别和最小单元。

　　软件分析对象既可以是软件系统、分系统、部件，也可以是能单独编译的模块，但是一般选择模块作为最小分析单元；识别对系统功能和安全影响较大的危险事件，确定软件关键单元，作为分析重点。

　　（2）研制过程分析要求

　　在软件需求分析与概要设计阶段，采用功能流程图找出相应阶段可能存在与功能和性能有关的错误，以完善需求分析与概要设计。

　　在软件详细设计与编码中可能存在与遗留的功能和性能有关的缺陷，采用自下而上的方法，验证软件缺陷的影响及严酷度，为软件集成与测试提供信息。

　　（3）故障模式分析要求

　　软件失效模式是指软件发生失效的方式，通常有程序失效、性能偏离或程序运行改变了系统配置参数或其他程序的数据。其中程序失效模式有不能启动、不能终止、不能退出、输出错误（如格式、结果、数据、遗漏、拼写问题、语法问题）等，性能偏离模式有如运行时间、数据处理或用户数不满足要求等。

　　需要分析每一软件模块的输入变量和算法的失效模式，并追踪对系统的影响直至输出变量，通常仅对内存、通信、处理结果很少或没有硬件保护的关键系统，采用验证详细设计的分析程序。

　　参照相关标准，结合工程经验、产品特点，确定最小分析单元的潜在失效模式，软件故障模式分析是软件 FMECA 的基础，其故障模式既包括功能故障模式，也包括模块故障模式，但主要是功能故障模式。

　　通过建立软件变量的映射关系和软件"线索"，再确定软件失效模式。

(a) 建立变量映射关系

在系统分析的基础上，确定每一软件模块变量的数量、类型（输入变量、输出变量、局部变量或全局变量）、每一输入变量的来源（如硬件或下层模块）和每一输出变量的目标（如上层模块）。利用变量映射关系可以追踪下层模块的软件失效对系统输出变量的影响。

(b) 建立软件"线索"

利用建立变量定义表、变量使用表、函数调用关系等软件文档资料，确定软件输入变量经过一系列处理到系统输出变量之间的映射关系及软件"线索"，以分析下层模块的软件失效所经过的处理过程和对系统输出变量的影响。

(4) 软件故障原因分析

软件失效的一般原因有逻辑遗漏或执行错误、算法编码错误、软硬件接口错误、数据操作错误、数据错误或丢失等。软件失效影响的严重性级别可以分为特严重、严重、较严重和较轻 4 级。

软件故障原因是在软件运行过程被触发而产生的，应当找出其关键调用路径下的关键软件缺陷，除了与软件功能有关的缺陷外，还有与软件本身有关的缺陷，均应加以纠正。

(5) 软件故障影响分析

利用已经建立的变量映射关系及软件"线索"，分析每一模块的算法以及输入变量的失效对模块输出的影响，并向上追踪直至对整个系统输出的影响及其影响的严重性。

软件故障运行既可以对每一软件模块造成的"局部影响"、"高一层次影响"和"最终影响"进行分析，也可对"局部影响"与"高一层次影响"进行分析，或直接对"局部影响"和"最终影响"进行分析。

(6) 建立软件故障信息库

软件 FMECA 的难度较大，应当广泛收集软件故障和相关信息，不断总结软件设计的经验与教训，尤其要积累软件评测过程的各种缺陷，逐步建立历代型号相似产品软件的故障信息库，为做好软件FMECA奠定工程基础。

5.3.3　软件 FMEA 实施要点

（1）分析对象定义

软件分析对象既可以是软件系统、分系统、部件，也可以是能单独编译的模块，但是一般选择模块作为最小分析单元。

为了有针对性地对被分析软件进行所有可能的故障模式、原因和影响分析，应当首先进行分析对象定义，包括明确软件功能流程和定义软件约定层次结构，其要点如下。

（a）引用软件功能流程图

在软件需求分析阶段应形成软件需求说明文档，给出了软件功能流程图，该图明确表示软件/硬件综合系统中每一软件部件或软件单元之间的功能逻辑关系，即表示软件/硬件综合系统自上而下的层次关系。

（b）绘制软件约定层次图

软件由程序、分程序、模块和程序单元组成，软件约定层次可定为软件部件直至设备的软件/硬件综合系统。定义软件约定层次的深度，应考虑有些软件 FMECA 的工作量和难度。在定义软件约定层次时，应根据实际需要，重点考虑关键、重要功能的软件部件或模块。

对于由计算机软件配置项（CSCI）、硬件技术状态项目（HW-CI）和软件/硬件接口要求规格说明（IRS）组成的系统，其中软件依次由软件部件（CSC）与软件单元（CSU）组成，并有重复使用的单元、外购或共享的非开发单元，在绘制软件约定层次图中均应加以标注。

典型的软件约定层次划分示例，如图 5-2 所示。

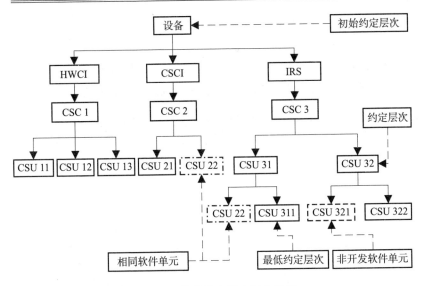

图 5 - 2　软件约定层次划分示例

（2）软件故障模式分析

软件故障模式是软件故障的表现形式，其分析目的是针对每一被分析的软件单元，找出所有可能的故障模式。

软件故障模式分析是软件 FMECA 的基础，其故障模式既包括功能故障模式，也有模块故障模式，但主要是功能故障模式。应分析每一输入变量的类型（如实型、整型、布尔型、枚举型等）及其失效模式，以及算法失效模式。其中实型和整型模拟变量的典型失效模式有：变量值超过上限或下限；带有效标志模拟变量的典型失效模式有变量在允许范围内但有效标志位置为无效、变量值超过上限或下限但有效标志位置反为有效；布尔型模拟变量的典型失效模式是变量置信值真、假相反。

软件失效模式是指软件发生失效的方式，通常有程序失效、性能偏离或程序运行改变了系统配置参数或其他程序的数据。其中程序失效模式有不能启动、不能终止、不能退出、输出错误（如格式、结果、数据、遗漏、拼写问题、语法问题）等，性能偏离模式有如运行时间、数据处理或用户数不满足要求等。

软件故障模式分析应在统计分析的基础上，结合软件特点与运行环境，合理选取可能出现的故障模式，提高分析的针对性与有效性。软件故障模式分类及其典型故障示例如表 5-1 所示。

表 5-1　软件故障模式分类及其典型故障示例

类别			软件故障模式示例		
软件的通用故障模式			1) 运行不符合要求		
			2) 输入不符合要求		
			3) 输出不符合要求		
软件的详细故障模式	输入故障	1) 未收到输入	输出故障	1) 输出结果错误（如缺损、多余等）	
		2) 收到错误输入		2) 输出数据精度轻微超差	
		3) 收到数据轻微超差		3) 输出数据精度中度超差	
		4) 收到数据中度超差		4) 输出数据精度严重超差	
		5) 收到数据严重超差		5) 输出参数不完全或遗漏	
		6) 收到参数不完全或遗漏		6) 输出格式错误	
		7) ……		7) 绘图打字字符不符合要求	
	程序故障	1) 程序无法启动		8) 输出拼写错误/语法错误	
		2) 程序运行中非正常中断		9) ……	
		3) 程序运行不能终止	未满足功能及性能要求故障	1) 未达到功能/性能要求	
		4) 程序不能退出		2) 不能满足用户对运行时间的要求	
		5) 程序运行陷入死循环		3) 不能满足对数据处理量的要求	
		6) 程序运行对其他单元产生有害影响		4) 多用户系统不能满足用户数要求	
		7) 程序运行轻度超时		5) 人为操作错误	
		8) 程序运行明显超时		6) 接口故障	
		9) 程序运行严重超时		7) I/O 定时不准导致数据丢失	
		10) ……		8) 维护不合理/错误	
	其他	1) 程序运行改变了系统配置要求		9) ……	
		2) 程序运行改变了其他程序的数据			
		3) 操作系统错误			
		4) 硬件错误			
		5) 整个系统错误			

（3）软件故障原因分析

应针对每一软件故障模式分析其所有可能的原因。软件的故障原因往往是软件开发过程中形成的各类缺陷引起的。

故障原因分析也应在统计分析的基础上，结合软件特点与运行环境，准确选取可能导致故障的原因，提高分析的针对性与有效性。软件故障原因按其缺陷分类及典型示例如表 5 - 2 所示。

表 5 - 2　软件缺陷分类及典型缺陷示例

序号	软件缺陷类型	详细的软件缺陷	备注
1	需求缺陷	1）软件需求制定不合理或不正确； 2）需求不完全； 3）有逻辑错误； 4）需求分析文件有误； ……	属于最普遍、最值得重视的缺陷
2	功能和性能缺陷	1）功能和性能规定有误，或遗漏功能，或有冗余功能； 2）为用户提供信息有误或不确切； 3）对异常情况处理有误； ……	
3	软件结构缺陷	1）程序控制或控制顺序有误； 2）处理过程有误； ……	
4	数据缺陷	1）数据定义或数据结构有误； 2）数据存取或数据操作有误； 3）变量缩放比率或单位不正确； 4）数据范围不正确； 5）数据错误或丢失； ……	
5	软件实现和编码缺陷	1）编码或按键有误； 2）违背编码风格要求或标准； 3）语法错； 4）数据名错； 5）局部变量与全局变量混淆； ……	
6	软件/硬件接口缺陷	1）软件内部接口、外部接口有误； 2）软件各相关部分在时间配合或数据吞吐等方面不协调； 3）I/O时序错误导致数据丢失； ……	

（4）软件故障影响分析

软件故障影响必须分析每一软件故障模式对软件/硬件综合系统的功能影响。软件故障影响可以按照硬件 FMECA 方法，分为局部影响、高一层次影响和最终影响，也可以直接分析其最终影响，或直接分析对软件/硬件综合系统的影响。

软件故障影响的严酷度，应根据每一软件故障模式影响的严重程度划分其严酷度等级。软件严酷度等级可以根据表 5-3 进行分析选定。

表 5-3　软件故障模式严酷度等级（SESR）的评分准则

软件故障模式 影响发生可能性	软件故障模式影响的严重程度	评分 等级
极高且无 警告提示	影响系统运行的安全性、或不符合国家安全规定，且不发警告	10
极高但有 警告提示	影响系统运行的安全性、或不符合国家安全规定，但能发警告	9
非常高	系统丧失主要功能而不能运行	8
高	系统仍能运行，但运行水平降低，用户不满意	7
中等	系统仍能运行，但丧失使用的方便与舒适性	6
低	系统仍能运行，但影响使用的方便与舒适性	5
较低	影响轻度	4
非常次要	影响轻微	3
极次要	影响较小	2
无	无影响	1

（5）软件改进措施分析

软件改进措施分析是根据每一软件故障模式的原因、影响及严酷度等级的分析，经过综合权衡提出有针对性的软件设计改进措施。

（6）填写软件 FMEA 工作表

在软件故障模式、影响及严酷度、故障原因与改进措施分析的基础上，填写软件故障模式定性分析的 FMEA 工作表，如表 5-4

所示。

表 5 - 4　软件 FMEA 工作表

初始约定层次：		任　　务：		审核：			第　　页		共　　页
约定层次：		分析者：		批准：			填表日期：		
代码	单元	功能	故障模式	故障原因	故障影响			严酷度类别	改进措施	备注
					局部影响	高一层次影响	最终影响			
(1)	(2)	(3)	(4)	(5)	(6)			(7)	(8)	(9)

注：表中各项填写说明如下。

(1) 代码：对每一软件采用一种编码体系进行标识。

(2) 单元：填写在约定层次中软件配置项（CSCI）、软件部件（CSC）与软件单元（CSU）的单元名称。

(3) 功能：填写软件单元所执行的功能。

(4) 故障模式：根据故障模式分析结果，依次填写与功能、性能有关的所有故障模式。

(5) 故障原因：根据故障原因分析结果，依次填写每一故障模式发生的可能故障原因。

(6) 故障影响：根据故障影响分析结果，依次填写软件故障模式的局部、高一层次和最终影响。

(7) 严酷度类别：根据最终影响分析结果，依次填写每一故障模式的严酷度类别。

(8) 改进措施：根据最终影响的严酷度等级，依次填写每一故障模式相应的改进措施。

(9) 备注：简要记录左侧栏目的应有注释或补充说明。

5.3.4　软件 FMECA 实施要点

软件 FMECA 是在软件 FMEA 的基础上，增加危害性分析（CA）。在软件危害性分析的基础上，再填写软件 FMECA 工作表，其实施要点如下。

(1) 软件危害性分析（CA）

软件危害性分析的常用方法是风险优先数（RPN）方法。软件风险优先数按照下式计算

$$SRPN = SESR \times SOPR \times SDDR$$

式中　SESR——软件故障模式的严酷度等级；

SOPR——软件故障模式的发生概率等级；

SDDR——软件故障模式的被检测难度等级。

软件故障模式的严酷度等级按照表 5-3 分析确定。软件故障模式的发生概率等级与被检测难度等级的评分准则如表 5-5 与表 5-6 所示。

表 5-5　软件故障模式发生概率等级（SOPR）的评分准则

软件故障模式发生可能性	软件故障模式发生概率 P_m 参考范围（每单元）	评分等级
非常高（几乎不可避免发生故障）	$P_m \geq 5 \times 10^{-1}$	10
	$1 \times 10^{-1} \leq P_m < 5 \times 10^{-1}$	9
高（重复故障）	$1 \times 10^{-2} \leq P_m < 1 \times 10^{-1}$	8
	$1 \times 10^{-3} \leq P_m < 1 \times 10^{-2}$	7
中等（偶然故障）	$1 \times 10^{-3} \leq P_m < 2 \times 10^{-3}$	6
	$2 \times 10^{-4} \leq P_m < 1 \times 10^{-3}$	5
低（相对几乎无故障）	$1 \times 10^{-4} \leq P_m < 2 \times 10^{-4}$	4
	$2 \times 10^{-5} \leq P_m < 1 \times 10^{-4}$	3
非常低（几乎不可能故障）	$1 \times 10^{-5} \leq P_m < 2 \times 10^{-5}$	2
	$2 \times 10^{-6} \leq P_m < 1 \times 10^{-5}$	1

表 5-6　软件故障模式被检测难度等级（SDDR）的评分准则

软件故障模式被检测可能性	软件故障模式被检测难度概率 P_D 参考范围（每单元）	评分等级
完全不能确定	$P_D < 2 \times 10^{-6}$ 可能发现工作原因/机理和工作模式，或无法检测	10
非常微小	$P_D \approx 2 \times 10^{-6}$ 可能发现工作原因/机理和工作模式	9
微小	$2 \times 10^{-5} < P_D \leq 2 \times 10^{-4}$ 可能发现工作原因/机理和工作模式	8
非常低	$2 \times 10^{-4} < P_D \leq 2 \times 10^{-3}$ 可能发现工作原因/机理和工作模式	7
低	$2 \times 10^{-3} < P_D \leq 1 \times 10^{-2}$ 可能发现工作原因/机理和工作模式	6
中等	$1 \times 10^{-2} < P_D \leq 2 \times 10^{-2}$ 可能发现工作原因/机理和工作模式	5
中等偏低	$2 \times 10^{-2} < P_D \leq 5 \times 10^{-2}$ 可能发现工作原因/机理和工作模式	4
高	$5 \times 10^{-2} < P_D \leq 3.3 \times 10^{-1}$ 可能发现工作原因/机理和工作模式	3
非常高	$3.5 \times 10^{-1} < P_D$ 可能发现工作原因/机理和工作模式	2
完全确定	$P_D \approx 1$，完全可能发现工作原因/机理和工作模式	1

（2）填写软件 FMECA 工作表

软件 FMECA 工作表是在软件 FMEA 工作表的基础上取消其中的严酷度类别，增加软件危害性分析项目，如表 5-7 所示。

表 5-7　软件 FMECA 工作表

初始约定层次：			任　务：		审核：		第　　页		共　　页	
约定层次：			分析者：		批准：		填表日期：			
					故障影响			软件危害性分析				
代码	单元	功能	故障模式	故障原因	局部影响	高一层次影响	最终影响	严酷度等级 SESR	概率等级 SOPR	检测难度 SDDR	风险优先数 SRPN	改进措施	备注
(1)	(2)	(3)	(4)	(5)	(6)			(7)	(8)	(9)	(10)	(11)	(12)

注：表中各项填写说明如下：

（1）～（6）项：填写软件 FMEA 工作表中相应的内容；

（7）严酷度等级 SESR：根据表 5-3 进行分析的结果，依次填写故障模式影响的严酷度等级；

（8）发生概率等级 SOPR：根据表 5-5 进行分析的结果，依次填写故障模式的发生概率等级；

（9）被检测难度 SDDR：根据表 5-6 进行分析的结果，依次填写故障模式的被检测难度等级；

（10）风险优先数 SRPN：根据故障模式的严酷度等级 SESR、发生概率等级 SOPR 与被检测难度等级 SDDR，填写计算故障模式风险优先数 SRPN 的结果；

（11）改进措施：根据故障模式风险优先数 SRPN 的大小，填写简要的改进措施；

（12）备注：简要记录左侧栏目的应有注释或补充说明。

参 考 文 献

［1］　GJB 450A—2004.装备可靠性工作通用要求.

［2］　GJB 451A—2005.可靠性维修性保障性术语.

［3］　GJB/Z 102—1997.软件可靠性和安全性设计准则.

［4］　GJB/Z 141—2004.军用软件测试指南.

［5］　GJB/Z 1391—2006.故障模式、影响及危害性分析指南.

［6］　龚庆祥.型号可靠性工程手册［M］.北京：国防工业出版社，2007.

第 6 章　可靠性验证与评价

6.1 可靠性试验要点

6.1.1 可靠性试验要求

可靠性试验的目的是为了发现并排除产品的设计与工艺缺陷，为改进和评价产品的可靠性提供所需信息。可靠性试验分类、策划及其要求如下。

（1）可靠性试验分类

可靠性试验包括环境应力筛选、可靠性研制试验、可靠性增长试验、可靠性鉴定试验、可靠性验收试验和产品的寿命试验。可靠性研制试验与可靠性增长试验属于产品研制过程验证和改进设计的工程试验，可靠性的鉴定试验和验收试验属于验证产品的统计试验。

（2）可靠性试验方案

型号研制试验历来是型号研制过程的中心任务，型号研制的周期、经费和资源需求主要取决于试验项目的难度、多少和大小。可靠性试验属于范围广、难度大、时间长而且费用高的工作项目。

承制单位应当根据研制合同要求以及经费、进度和资源条件，参照相关标准要求，经过系统分析论证，制定可靠性试验方案，明确型号可靠性试验的产品层次、试验项目与实施要求，全面规划型号的可靠性验证试验工作。

可靠性试验项目必须在可靠性分析基础上同性能试验、环境试验、耐久性试验进行综合权衡，合理选定试验的产品层次与状态、试验的类型与条件。切忌"一刀切"都做可靠性试验，只有提高试验的针对性才能保证试验的有效性。

（3）可靠性试验大纲

根据型号的可靠性试验方案，结合受试产品特点，分别制定可靠性研制试验、工程试验和验证试验的大纲，明确采用的具体试验方案、综合环境条件、检测要求及故障判据、试验的组织和实施要求等。

6.1.2　可靠性工程试验

可靠性工程试验包括：环境应力筛选、可靠性研制试验和可靠性增长试验，其要点如下。

（1）环境应力筛选要点

环境应力筛选（ESS）的目的是发现和排除由于设计、工艺和元器件的缺陷造成产品的早期故障，提高产品的固有可靠性。环境应力筛选通常是在产品组装前对低层次的器件和组件进行 100％ 筛选，以便剔除常规检测不能发现的产品缺陷。环境应力筛选方案与筛选应力、常用的应力类型与强度的选择要点如下。

1）制定筛选方案。承制单位应根据 GJB 1032、GJB 4508 和 GJB/Z 34、产品特点和资源条件制定并实施环境应力筛选方案，明确筛选产品的层次和清单、筛选的方法、应力类型和水平，以及筛选过程的监测要求和组织分工等。

2）筛选应力选择。环境应力筛选的应力类型、应力水平和施加程序，应以经济和有效激发产品早期故障的缺陷为基准。产品的缺陷同制造工艺密切相关，应当随着研制进程和经验的积累，适当调整不同装配层次产品的筛选方案，优化所用应力的类型、强度和施加程序，以保持最有效的筛选。

3）常用应力类型。常用的应力类型有温度、振动及其组合。温度循环常用于组件和设备组装等级的筛选，恒定高温是剔除电子元器件缺陷的有效方法，温度冲击式是筛选集成电路器件的有效方法。元器件通常采用高温老练筛选方法，电路板或组件以上组装等级的产品通常采用常规筛选方法。

快速温度循环、随机振动及其两者的组合应力能使产品的隐含缺陷快速扩大，筛选效果最好，其中随机振动通常只用于设备级产品的筛选。如果受经济和设备条件限制，可将温度循环改成温度冲击或以正弦扫描代替随机振动。

4) 常用应力强度。环境应力筛选所使用的应力量值无需模拟使用环境应力，但是施加的应力量值不能超过产品耐环境设计的极限应力，从而使其性能或寿命下降，施加应力的持续时间不能在产品中累积起不允许的疲劳损伤。常用温度循环与随机振动的强度如下。

a) 温度循环强度。通常根据通电与否选取相应的贮存或设计温度的上下限，其持续时间取决于热测定获得的产品达到温度稳定和检测性能所需时间。温度变化速率一般不小于 $5℃/min$，温度循环筛选的时间通常取 $40\sim80$ h。

b) 随机振动强度。可以根据筛选的效果由低到高逐步增加振动的功率谱密度量值，一般不超过 0.04 g^2/Hz。随机振动通常在 X、Y、Z 三轴方向施加，亦可根据筛选经验减少振动轴向。振动持续时间一般为每轴方向 $5\sim10$ min，通常用 0.04 g^2/Hz 振动 20 min 通电检测的筛选效果较好。

(2) 可靠性研制试验要点

可靠性研制试验的目的是，在产品研制过程中通过施加适当的环境应力和工作载荷，激发并排除产品在设计、材料和工艺等方面的缺陷，通过试验、分析、改进等途径提高产品的固有可靠性。制定研制试验方案与试验应力选择的要点如下。

1) 制定研制试验方案。承制方应当在可靠性分析的基础上，对产品研制试验项目进行综合权衡，制定可靠性研制试验方案，明确试验的产品状态、环境应力的类型、水平和施加方法，以及试验的组织和实施要求。

2) 试验应力选择要点。可靠性研制试验的策划者，应当了解产品在寿命剖面中所遇到的环境应力与失效机理的关系。为了尽快激发产品中存在的缺陷，所施加的应力不能引起实际使用中不可能出现的故障。

在研制前期，对于技术基础差的可靠性关键产品应当采用加速环境应力，以便充分暴露产品的薄弱环节，改进设计。

在研制后期，应当尽可能模拟使用环境，以便了解产品已经达到的可靠性水平。

（3）可靠性增长试验要点

可靠性增长试验的目的是，在研制过程中对产品施加模拟实际使用环境的综合应力，暴露产品中潜在的缺陷并采取纠正措施，使产品可靠性达到预期的增长目标。制定增长试验方案和试验对象选择要点如下。

1）制定增长试验方案。承制单位应按 GJB 1407 的要求，结合产品特点和资源条件，根据产品已有可靠性水平，制定可靠性增长试验方案，明确受试产品试验状态，确定合理的增长目标，选用恰当的增长模型和试验环境条件，以及试验的组织和实施要求。

可靠性增长试验应按 GJB 899 的要求，模拟实际使用条件制定与可靠性鉴定试验剖面一致的试验剖面。试验的总时间取决于增长模型、工程经验及可靠性要求，一般取产品 MTBF 目标值的 5～25 倍。

2）增长试验对象选择。可靠性增长试验适用于新技术含量高的关键产品，受试样品应按相关标准要求完成环境应力筛选和环境试验，其技术状态应能代表后续的可靠性鉴定试验时的技术状态。因而成功的可靠性增长试验可以代替可靠性鉴定试验。

在工程中对新研制的电子产品，也有无增长模型与目标的可靠性试验，其目的是在模拟实际使用的综合应力下，以较短的时间（如 MTBF 最低可接受值的 20%～30%），暴露并纠正产品的潜在缺陷，促进可靠性增长并探测可靠性水平，俗称可靠性"摸底"试验。

6.1.3　可靠性验证试验

可靠性验证试验包括可靠性鉴定试验和可靠性验收试验，统称为可靠性统计试验。

可靠性鉴定试验，是在设计定型阶段验证关键性高层次电子产品的可靠性与规定要求的符合性，为装备设计定型提供依据。

可靠性验收试验，是在批生产阶段验证电子产品可靠性的稳定性及其与规定要求的符合性，为产品交付提供依据。

可靠性验证试验策划、统计试验方案选择、综合环境条件选定和定时试验实施要点分别概述如下。

（1）可靠性验证试验策划

型号总体应当根据研制合同要求以及经费、进度和资源条件，参照 GJB 899A 的相关要求，制定型号可靠性验证试验方案，包括可靠性鉴定试验方案和可靠性验收试验方案，明确型号验证试验的产品层次、试验项目与实施要求，全面规划型号的可靠性验证试验工作。

根据型号的试验方案，结合受试产品制定可靠性验证试验大纲，明确采用的统计试验方案、综合环境条件、检测要求及故障判据、试验的组织和实施要求等。

（2）统计试验方案选择

对于电子产品的验证试验，通常采用指数分布的统计试验方案，包括序贯试验方案、定时试验方案和全数试验方案。序贯试验作出接收或拒收的判决较快，但是试验时间和费用难以预计；定时试验作出判决的试验时间较长，但是试验资源可控，因而常被采用；全数试验的统计结果精确，但是试验时间不可控。

统计方案的试验参数包括检验下限 θ_1——拒收的 MTBF、检验上限 θ_0——可接收的 MTBF、生产方风险 α 和使用方风险 β。其中 θ_1 可取设计定型 MTBF 的最低可接受值，θ_0 应小于等于 MTBF 的预计值，θ_0/θ_1 为鉴别比 d，α、β 值一般选取中等风险（20%），对于火工品类的高可靠性产品，可选取 30% 的高风险。

（3）综合环境条件选定

验证试验的试验剖面应当尽可能真实地模拟产品在实际使用中

所经历的最主要环境应力和工作应力的量值、出现的频率和持续的时间。试验应力的真实性决定了试验结果的有效性。

应力量值应优先采用产品在执行典型任务中取得的实测应力，其次采用相似产品在相似条件下测得的数据，经过分析修正得到估计应力。在无法获得实测和估计应力时，再采用军用标准 GJB 899A 附录中推荐的方法计算出参考应力。

电子产品验证试验常用的综合环境应力有振动应力、温度应力和电应力，相应应力选定的要点如下。

1）振动应力选定。一般采用随机振动方式，振动量值、持续时间应当反映实际使用中所遇到的极值，振动方向应选择使用中对产品影响最大的轴向，通常采用垂直方向施加。振动试验的累积时间不应超过单台产品最长的振动允许时间。

2）温度应力选定。一般采用冷热天交替循环，起始和终止设在标准天条件下，温度变化率可取 $5 \sim 30℃/min$。温度循环持续时间应当包含产品执行任务所遇到的持续时间和产品冷、热浸所需时间。

3）电应力选定。按任务规定施加产品输入电压的标称值和上下限，一般按照上限值、标称值、下限值依次循环供电。通、断电时机及其持续时间应与执行任务的时间相似。

为了提高试验效率，对于任务时间较短（如小于 0.5 h）的产品，可以适当延长冷、热温度的持续时间，试验中产品通电工作时间应大于试验总时间的 50%。在一个试验循环中，可安排多个工作循环或者延长产品通电时间。

（4）定时试验实施要点

（a）定时试验方案选定

定时试验是电子产品可靠性验证试验的常用方案。根据选定的试验参数（θ_1、d、α、β），可从 GJB 899A 提供的定时试验方案的标准型统计方案表 A.6 与短时高风险统计方案表 A.7 中查得试验时间 T（θ_1 的倍数）、接收判决故障数 A_c 和拒收判决故障数 R_c（$= A_c + 1$），在试验中责任故障数 $r \leqslant A_c$ 则接收，责任故障数 $r \geqslant R_c$ 时则拒收。

其中试验时间 T 应当是两台或多台电子产品承受综合应力通电试验的总时间。

验证试验方案必须规定 MTBF 验证区间（θ_L，θ_U）的置信度，通常采用的置信度 $C=（1-2\beta）\times100\%$，对可靠性参数进行估计。

（b）定时试验结果评定

当试验达到了规定的时间而停止时，且出现的责任故障数不大于接收判决故障数，MTBF 的观测值（点估计值）$\hat{\theta}$ 与置信区间估计值分别计算如下。

1）MTBF 的观测值为

$$\hat{\theta}=T/r \tag{6-1}$$

式中　T——总试验时间（台时 h）；

　　　r——责任故障数。

2）MTBF 的置信区间计算。根据责任故障数 r 及置信度从 GIB 899A 的表 A12 中查出置信下限系数 θ_L（C'，r）和置信上限系数 θ_U（C'，r），表中 $C'=（1+C）/2$，亦即 $C'=1-\beta$，是与置信度 C 相对应的单侧置信下限系数和置信下限系数中的参数——单边置信度。

根据 MTBF 的观测值与查取的置信下限系数 θ_L（C'，r）和置信上限系数 θ_U（C'，r），即可得到 MTBF 的置信区间估计值

$$\theta_L=\theta_L（C'，r）\hat{\theta} \tag{6-2}$$

$$\theta_U=\theta_U（C'，r）\hat{\theta} \tag{6-3}$$

6.1.4　产品的寿命试验

寿命试验的目的是，验证产品在规定条件下的使用寿命、贮存寿命，同时对产品中过早发生耗损的零部件采取纠正措施。产品寿命是耐久性的特征参数，反映产品在规定的使用、贮存与维修条件下，达到极限状态之前完成规定功能的能力。

产品寿命试验策划和产品寿命评估的要点如下。

（1）寿命试验策划要点

极限状态是产品由于疲劳、磨损、腐蚀、变质等耗损因素的影响而使产品在技术或经济上不宜再继续使用而必须大修或报废的状态。承制单位应在耐久性分析的基础上，尽早制定寿命试验方案，明确受试产品的状态与数量、应力类型与水平、测试周期以及试验的组织和实施要求。

寿命试验通常包括使用寿命试验和贮存寿命试验。使用寿命试验是在模拟所使用的环境条件、工作条件和维修条件下进行的寿命试验。

贮存寿命试验是在模拟贮存条件下进行非工作状态的寿命试验。模拟自然贮存条件的试验时间很长，难以满足型号验证要点。应当尽可能地创造条件，对产品的关键零部件进行加速寿命试验，为整机寿命评价提供依据。通常有加速使用寿命试验和加速贮存寿命试验，其要点分述如下。

（a）加速使用寿命试验要点

加速使用寿命试验是在不改变故障机理的条件下，采用加大应力（如热应力、电应力、机械应力等）使产品加速出现故障，从而推断正常使用条件下的产品寿命。

加速使用寿命试验按照应力施加方式分为恒定应力、步进应力和序进应力三种。其中恒定应力简便易行，效果较慢；步进应力是按照固定时间间隔逐级增加预定应力水平；序进应力是随着试验时间增长按照一定规律持续增大应力水平，效果较快，但是难度较大。

加速使用寿命试验按照施加的应力类型，均有相应的数学模式，其中都有根据产品类型与应力水平确定的常数或参数，需要通过分级应力的统计试验确定相应的寿命加速系数，才能求得某一应力下的未知寿命。

（b）加速贮存寿命试验要点

加速贮存寿命试验是采用若干组高于正常贮存应力的贮存试验，加快产品特性参数的退化率，通过对不同应力水平的测试数据分析计算，预测正常应力下的退化率。

产品在贮存过程中处于非工作状态，所承受的环境应力比工作应力小得多，因而性能变化缓慢，自然贮存寿命试验需要很长时间。

由于影响贮存寿命的环境因素很多，难以选择合适的单一应力。因此，加速贮存寿命试验必须与自然贮存试验相结合。

通过对历代相似产品贮存过程特性参数退化规律的统计分析，确定产品随着贮存时间变化的产品单元及其故障模式，作为加速贮存寿命试验提供重要依据。

（2）产品寿命评估要点

产品寿命评估的方法较多：有现场信息法、最短寿命单元法与工程分析法。其评估要点如下。

（a）现场信息法

常用方法是利用产品在现场使用条件下所获得的信息，经过统计分析确定产品可靠度随着时间的变化规律，再根据产品贮存可靠度要求预测其贮存寿命。

（b）最短寿命单元法

根据产品特点分析其中寿命最短又能决定产品寿命的单元件，按照使用状态的环境条件、工作条件和维护条件对该单元件进行模拟试验，根据该单元件的数量、每件试验时间、故障时间和关联故障数，评估单原件的寿命，作为整个产品的寿命。

（c）相似产品法

相似产品法是根据相似产品综合评价新研产品的使用寿命和贮存寿命，对已经通过验证或经使用证明满足寿命要求的相似产品进行寿命信息的统计分析，结合产品特点预测产品可能的寿命。

相似产品法常用于设备级或功能系统级产品，应从产品设计的结构、功能、制造的工艺、材料和使用环境条件等方面全面进行对比分析其相似程度。合理的相似性和信息的可信性是相似产品法的技术基础。

对于高可靠长寿命难以试验验证的产品，可以利用同类产品寿命数据和低层次产品寿命试验数据进行分析评价。

6.2　可靠性评估要点

6.2.1　可靠性评估要求

可靠性评估是型号可靠性保证工程的重要工作项目，从型号论证、研制、生产到使用及维修的全过程，均需适时进行可靠性评估，为验证规定的可靠性定量要求提供依据，并与定性分析评价一起作为可靠性管理的决策依据。可靠性评估的对象、依据、置信度选取与评估方法要点如下。

（1）可靠性评估对象

通常是对难以实施试验验证的非电产品、未经试验验证的电子产品和武器系统总体的可靠性参数，利用产品研制试验、生产检测和现场使用的相关信息，采用统计分析方法定量评估可靠性要求的符合性。

（2）可靠性评估依据

必须经过系统的统计分析，详细列出所用试验数据的来源，包括产品状态、试验条件、关联故障和责任故障的详细分析及其取舍的依据，保证评估依据的可追溯性，切忌直接列出试验的成败数据。

用于评估的数据必须来自相同母体，即相同技术状态的产品和相同的试验条件，且是独立、随机抽取样品的试验结果，对于不同试验条件的数据，必须慎用环境因子折算。

可靠性评估必须根据研制进度，按照型号统一约定的置信度。

（3）置信度选取范围

置信度是待估参数（随机变量）的真值落在置信区间内的概率，即可靠性评估的可信程度。一般产品的置信度取 0.6～0.8，火工品或高可靠性产品的置信度取 0.90～0.99。

通常根据产品的成熟程度、置信要求及样本大小，由研制要求或总体文件统一约定。在研制初期和批产阶段分别选取置信度的下限和上限，设计定型时可取置信度的中间值 0.70 和 0.95。

为了保证型号可靠性评估的可比性，在同一层次不同组成单元之间的置信度不能随意选取。不应当在缺乏资源保障条件下，强制达到可靠性要求；也不应当为了达到可靠性指标，随意降低置信度进行凑数式"评估"。

可靠性评估是在一定置信度条件下的概率值推算，属于置信概率条件下的概率。对于大致的量化估计，不可不信，不可全信。可靠性工程应当着重全面的定性设计保证，定量评估只能是可靠性水平的概略度量。

（4）可靠性评估方法

型号可靠性评估常用的基本方法，有单元级产品可靠性评估和系统级可靠性评估两类。

1）单元级评估。单元级评估是将评估对象作为一个整体，只利用单元本体的相关信息在给定置信度下对其可靠性参数进行评估。

2）系统级评估。亦称"金字塔"式评估，是根据评估对象的可靠性模型，利用组成单元的试验数据在给定置信度下自下而上地综合评估。该评估方法比较复杂，但是可以充分利用组成单元的试验数据。系统级产品应当尽量避免采用单元级评估方法，以免丢失组成单元的有效信息。

6.2.2　单元级评估要点

（1）单元级可靠性评估分类

单元级产品可靠性评估，按照统计量的分布类型通常分为成败型分布、正态型分布、威布尔型分布和指数分布几种产品。在工程中最常用的有成败型产品、指数型产品与正态型产品，因此重点阐述其可靠性评估要点。

（2）成败型产品可靠性评估要点

对于非电产品和复杂产品的试验结果，通常只采用成功与失败的计数结果。在相同技术状态的产品中，随机抽取样品进行独立试验，其试验成功与失败数据的统计量服从二项分布，可靠性参数的点估计与置信下限估计要点如下。

（a）产品可靠度的点估计

对于已知试验次数与其中失败次数的产品，其可靠度 R 采用极大似然法的点估计为

$$\hat{R} = (N-F)/N \tag{6-4}$$

式中　N——产品连续试验次数；

　　F——产品试验失败次数。

（b）产品可靠度置信下限估计

对于已知试验次数与其中失败次数的产品，其可靠度单侧置信下限可以根据约定的置信度由下式解得

$$\sum_{X=1}^{n} C_N^F R_L^{N-X} (1-R_L)^X = 1-C \tag{6-5}$$

式中　C——型号约定的置信度；

　　R_L——产品可靠度单侧置信下限。

当 $F=0$ 时，$R_L = (1-C)^{1/N}$ $\tag{6-6}$

当 $F=N-1$ 时，$R_L = 1-(C)^{1/N}$ $\tag{6-7}$

当 F 不等于 0 或 $N-1$ 时，可以根据试验数据 (N, F) 和置信度 C 进行计算或者从 GB/T 4087—2009《数据的统计处理和解释 二项分布可靠度单侧置信下限》中查表得到可靠度置信下限 R_L。

（3）指数型产品可靠性评估

对于电子设备、复杂系统和经过老练筛选并进行定时维修的产品，通常采用指数分布评估其可靠性，其故障率的点估计与区间估计如下。

（a）产品故障率点估计

经过统计分析，已知产品的试验时间、故障次数、任务时间和约定的置信度，按照指数分布评估方法，其平均寿命 θ 的点估计值为

$$\hat{\theta} = T/r \tag{6-8}$$

式中　T——产品的试验时间；

　　　r——产品的故障次数，当评估任务可靠性时，只计及导致任务失败的故障；当评估基本可靠性时则计及所有关联失败的故障。

（b）产品故障率区间估计

定时截尾试验和定数截尾试验的产品平均寿命单侧置信下限分别为

$$\theta_L = 2T/\chi^2_{2r+2,C} \tag{6-9}$$

$$\theta_L = 2T/\chi^2_{2r,C} \tag{6-10}$$

式中　$\chi^2_{2r+2,C}$，$\chi^2_{2r,C}$——自由度为 ν 与下侧概率为 p 的 χ^2 分布，可以根据相应的自由度 $2r+2$，$2r$ 与下侧概率 C 从 GB 4086.2《统计分布数值表》的 χ^2 分布分位数表中查得。

（4）正态型产品可靠性评估

对于型号常用的结构产品，在随机抽取相同技术状态试样进行的独立试验中，获得的结构强度与载荷应力的统计量，通常服从正态分布，即有 $X \sim N(\bar{x}, S_X^2)$，$Y \sim N(\bar{y}, S_Y^2)$，其中强度和应力的均值和标准偏差的点估计值为

$$\bar{x} = \frac{1}{n} \sum_{i=1}^{n} X_i \tag{6-11}$$

$$\bar{y} = \frac{1}{n} \sum_{i=1}^{n} Y_i \tag{6-12}$$

$$S_X^2 = \frac{1}{n-1} \sum_{i=1}^{n} (X_i - \bar{x}) \tag{6-13}$$

$$S_Y^2 = \frac{1}{n-1} \sum_{i=1}^{n} (Y_i - \bar{y}) \tag{6-14}$$

式中　n——随机抽取的样品件数；

　　　X_i——第 i 件样品的强度 $i=1, 2, \cdots, n$；

　　　Y_i——第 i 件样品的应力 $i=1, 2, \cdots, n$；

　　　$\bar{x}$——产品强度的均值；

　　　$\bar{y}$——产品应力的均值；

S_X^2——产品强度的方差；

S_Y^2——产品应力的方差。

当样本数量 n 不大时，通常使用强度与应力的标准偏差，即

$$S_X = \left[\frac{1}{n-1} \sum_{i=1}^{n} (X_i - \bar{x}) \right]^{1/2} \qquad (6-15)$$

$$S_Y = \left[\frac{1}{n-1} \sum_{i=1}^{n} (Y_i - \bar{y}) \right]^{1/2} \qquad (6-16)$$

结构产品的可靠性通常以概率度量，结构产品的可靠度是产品结构强度大于载荷应力的概率，即

$$R = P(X > Y) = \Phi\left[(\bar{x} - \bar{y}) / \sqrt{s_x^2 - s_y^2} \right] \qquad (6-17)$$

在上式中带入强度与应力的均值与方差，即可获得结构产品可靠度的点估计值。相应的区间估计值需要经过复杂的运算。为了满足工程需求，可以经过适当简化运算，获得足够精度的可靠度置信下限。

对于约定置信度 γ，结构产品近似的可靠度置信下限由下式表达

$$R_L = \Phi\left[\frac{\bar{x} - \bar{y} - 0.25 s_x t_{n-1,\gamma} / \sqrt{n}}{\sqrt{s_y^2 + (n-1)s_x^2 / \chi_{n-1,1-\gamma}^2}} \right] = \Phi(U) \qquad (6-18)$$

式中　$t_{n-1,\gamma}$——由度为 ν 与下侧概率为 p 的 t 分布分位数 $t_p(\nu)$，可以根据相应的自由度 $n-1$ 与下侧概率 γ 从 GB 4086.3《统计分布数值表》的 t 分布分位数表中查得；

　　　$\chi_{n-1,1-\gamma}^2$——自由度为 ν 与下侧概率为 p 的 χ^2 分布，可以根据相应的自由度 $n-1$ 与下侧概率 $1-\gamma$ 从 GB 4086.2《统计分布数值表》的 χ^2 分布分位数表中查得；

　　　U——正态分布容许限系数，根据已知的 $\bar{x}$、$\bar{y}$、S_X^2、S_Y^2 与查表获得的 $t_{n-1,\gamma}$、$\chi_{n-1,1-\gamma}^2$，算出系数 K 值，再从 GB 4086.1《统计分布数值表》的正态分布函数表中查得的数据并插值获得结构产品近似的可靠度置信下限。

在工程中同时获得结构产品强度和应力统计量的难度很大。如果强度或应力的散布不大，可以只对其中一项按照正态分布进行可靠度评估。

倘若经过使用分析估计出结构产品的最低强度要求，即给定强度下限 L，在独立、随机抽取 n 件样品的强度试验中，获得该结构产品强度的样本均值 X 与标准偏差 S，其可靠度置信下限由下式表达

$$R_L = P(X > L) = \Phi(X - L)/S) = \Phi(K) \qquad (6-19)$$

式中　L——产品强度的下规范限；

　　　　X——产品样本强度的均值；

　　　　S——产品强度的标准偏差；

　　　　K——单侧规范限系数。

对于给定的置信度 γ，可以从 GB/T4885 附录 A 单侧规范限系表中根据置信度 γ 与系数 K 值查得的数据并插值，即得到相应的可靠度置信下限。

评估的结果偏于保守，但是在规定的使用环境下应力的分布毕竟有限，比起不计及强度与应力概率分布的安全系数法，对于影响因素复杂的强度毕竟考虑了概率分布。

6.2.3　系统级评估要点

系统级评估是对由多层次单元产品组成的复杂产品进行可靠性评估，在对基层单元进行可靠性评估的基础上，逐层向上综合评估系统级产品的可靠性。

对于由 m 个单元串联组成的系统，已知每一单元有 n_i 次独立、随机试验，其中成功数为 s_i，失败数为 f_i，$s_i + f_i = n_i$，$i = 1, 2,$ $\cdots, m$。

在工程中常用下列公式，将组成单元的试验次数 n_i 和成功次数 s_i 依次折算成上一层次产品的试验数 N 和失败数 F

$$N = \left(1 - \prod_{i=1}^{m} \frac{s_i + 1}{n_i + 1}\right) \bigg/ \left(\prod_{i=1}^{m} \frac{s_i + 1}{n_i + 1} - \prod_{i=1}^{m} \frac{s_i}{n_i}\right) \qquad (6-20)$$

$$F = N\left(1 - \prod_{i=1}^{m} \frac{s_i}{n_i}\right) \tag{6-21}$$

根据折算的系统试验次数和折算的试验失败次数以及约定的置信度，从 GB/T 4087 的《二项分布可靠度单侧置信下限》中查表或代入下式计算，可得系统可靠度经典置信下限 R_L

$$\sum_{X=1}^{n} C_N^F R_L^{N-X}(1-R_L)^X = 1 - C \tag{6-22}$$

式中　N——折算的系统试验次数；

　　　F——折算的系统失败次数；

　　　C——型号约定的置信度；

　　　R_L——系统可靠度单侧置信下限。

经典置信下限偏于保守，常与修正置信下限同时作为参照评定值，即将改进法折算得到的试验数 N 和失败数 F 都减去 1 次，再查表得到修正置信下限 $R_{L,B}$

$$R_{L,B} = R_L\ (N-1,\ F-1) \tag{6-23}$$

系统级评估公式应用条件如下。

1）所有单元失败为零。即有 $f_i = 0$，$i=1,2,\cdots,m$，则系统失败为零 $F = 0$，取试验次数最少单元的试验次数作为系统试验次数，$N = \min n_i\ (1 \leqslant i \leqslant m)$，得

当 $F=0$ 时，$R_L = (1-C)^{1/N}$

当 $F=N-1$ 时，$R_L = 1 - (C)^{1/N}$

2）不存在成功次数 s_i 绝对最小，同时没有失败次数为零的单元：

即有：$f_i \neq 0$，$i=1,2,\cdots,m$

或有：$f_i = 0$，$i=1,2,\cdots,k$；$f_i \neq 0$，$i=k+1,k+2,\cdots,m$

且有：$\min s_i\ (1 \leqslant i \leqslant k) > \min s_i\ (k+1 \leqslant i \leqslant m)$

此时可以直接应用上列公式或查表求出 R_L 和 $R_{L,B}$。

3）存在成功次数 s_i 绝对最小，同时有失败次数为零的单元：

即有：$f_i = 0$，$i=1,2,\cdots,k$，$f_i \neq 0$，$i=k+1,k+2,\cdots,m$

且有：$s_{(1)} \cong \min s_i\ (1 \leqslant i \leqslant k) < s_{(2)} \cong \min s_i\ (k+1 \leqslant i \leqslant m)$

此时记与 $s_{(2)}$ 同一单元的 n_i 为 $n_{(2)}$，对该单元 $[s_{(2)}, n_{(2)}]$ 作信息压缩，即用比值 $s_{(1)} / s_{(2)}$ 折算成功数最小单元，得

$$\frac{s_{(1)}}{s_{(2)}}\left[s_{(2)}, n_{(2)}\right] = \left[s_{(1)}, \frac{s_{(1)}}{s_{(2)}}n_{(2)}\right]$$

并以此代替 $[s_{(2)}, n_{(2)}]$ 与其余单元的成败信息一起代入上列公式求出 R_L。

6.3　可靠性评价要点

6.3.1　可靠性评价要求

可靠性验证是要提供型号研制过程中对产品可靠性实施有效保证的客观证据，表明对型号规定的可靠性定性要求与定量要求已经得到满足。

可靠性评价是对型号可靠性工作进行全面的分析评价，确定型号可靠性保证工作与工程策划的符合性，为认定型号可靠性已经满足规定要求提供全面的客观证据。

在可靠性保证工程中，应在型号工程研制、设计定型与生产定型的总结过程中，对可靠性设计与分析、可靠性试验与评估分别进行评价，并对型号可靠性进行综合分析评价，为型号研制、生产和使用提供决策依据。切忌只对可靠性试验或可靠性评估进行分析评价。

型号可靠性评价与可靠性验证项目的相互关系，如图 6 - 1 所示。

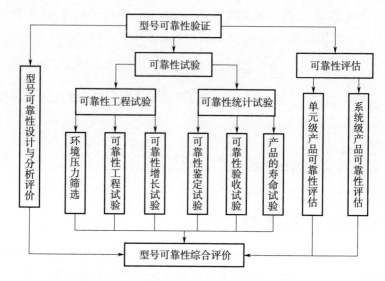

图 6-1　可靠性评价与验证项目关系示意图

6.3.2　设计与分析的评价

可靠性设计与分析的评价，是要提供型号可靠性设计与分析已经满足规定要求的证据，评价的工作项目与评价重点如下。

（1）设计与分析的评价项目

可靠性设计与分析评价的项目，应当包括型号研制过程已经完成的可靠性定性设计、定量设计和可靠性分析权衡的工作项目。

定性设计的评价项目主要包括制定与实施型号各专业的可靠性设计准则及其符合性报告，定量设计包括可靠性建模、分配与预计，可靠性分析主要包括故障模式、影响及危害性分析和故障树分析。

（2）设计与分析的评价重点

可靠性设计评价的重点，应对产品可靠性设计准则的针对性和有效性进行分析评价，作为可靠性定性设计已经满足规定要求的客观证据，其要点如下。

1）可靠性设计准则的针对性。要求产品所属专业制定专用的可靠性设计准则,将本专业产品在研制、生产和使用过程积累的经验教训转化为具体指导设计的条例。

2) 可靠性设计准则的有效性。要求在产品设计、校对与审批过程同专用设计准则进行对照,并且编写相应的符合性报告,作为设计评审的依据。

可靠性分析的评价重点,应当是故障模式、影响及危害性分析和故障树分析的针对性与有效性,包括在硬件 FMECA、工艺 FME-CA 与软件 FMECA 中对故障模式选取的前瞻性、针对性以及改进措施的有效性。

6.3.3　试验与评估的评价

可靠性试验与评估的评价,是要提供型号可靠性试验与评估已经满足规定要求的证据,评价的工作项目与评价重点应当如下。

(1) 试验与评估的评价项目

可靠性试验的评价项目,应当包括型号研制过程已经完成的可靠性工程试验和可靠性验证试验的工作项目。

可靠性工程试验项目主要包括型号研制过程所做的环境压力筛选、可靠性研制试验与可靠性增长试验;可靠性验证试验应当包括已做的可靠性鉴定试验与验收试验。

可靠性评估的评价项目应当包括已经完成的单元级产品可靠性评估与系统级产品可靠性评估的工作项目。

(2) 试验与评估的评价重点

可靠性试验评价的重点,是对型号可靠性试验的总体方案策划、试验项目选择、各项试验的实施方案、环境条件与试验结果进行系统分析与评价。

可靠性评估评价的重点,应当对可靠性评估的产品、方法与结果进行分析与评价,尤其要对可靠性评估依据的可信性和可靠性评估方法的适用性进行分析评价。

6.3.4　可靠性的综合评价

在评价型号可靠性设计与分析、可靠性试验与评估的基础上，充分利用研制、试制以及相似型号使用过程各种途径获得的可靠性数据与信息，对型号可靠性保证工程进行综合分析与全面评价。

承制单位应在型号工程研制、设计定型与生产定型的总结过程中，对型号可靠性保证工程进行综合评价，并编写评价报告，作为全面认定型号可靠性保证工程满足规定要求的客观证据。

型号可靠性综合评价报告，要列出可靠性设计与分析、可靠性试验与评估的评价程序与要点，同时重点评价下列内容：

1）型号可靠性工作项目选择的针对性与实施要求的可行性。

2）型号可靠性关键项目分析与相应措施的针对性与有效性。

3）型号可靠性保证工程同型号可靠性工作计划的符合性，其中至少包括：

a）产品可靠性设计准则的针对性与实施有效性；

b）故障模式、影响和危害性分析的针对性和有效性；

c）可靠性设计评审中本单位同专业人员函审的覆盖性；

d）可靠性验证试验中环境条件的真实性；

e）可靠性评估所用数据与方法的可信性。

参 考 文 献

[1] GB 4885-2009. 正态分布完全样本可靠度置信下限.

[2] GB/T 4086.1-1983. 统计分布数值表：正态分布.

[3] GB/T 4086.2-1983. 统计分布数值表：χ^2 分布.

[4] GB/T 4086.3-1983. 统计分布数值表：t 分布.

[5] GB/T 4087-2009. 数据的统计处理和解释：二项分布可靠度单侧置信下限.

[6] GJB 376-1987. 火工品可靠性评估方法.

[7] GJB 450A—2004. 装备可靠性工作通用要求.

[8] GJB 899A—2009. 可靠性鉴定与验收试验.

[9] GJB 1407-1992. 可靠性增长试验.

[10] GJB 4508-2002. 光电器件环境应力筛选通用要求.

[11] QJ 3127-2000. 航天产品可靠性增长试验指南.

[12] GJB 360B-2009. 电子及电气元件试验方法.

[13] GJB 150.1A-25A-2009. 军用设备试验室环境试验方法.

[14] 周源泉. 质量可靠性增长与可靠性评定方法 [M]. 北京：北京航空航天大学出版社，1997.

第7章 可靠性工程的扩展

7.1 相关特性分析选择

7.1.1 通用特性的关联性分析

武器装备的固有特性导出了以可靠性为基础的一系列相关的通用特性，包括维修性、测试性、安全性、保障性、耐久性和环境适应性等。通用特性的关联性分析如下。

（1）可靠性

型号的通用性能都是以可靠性为基础的，其余通用性能的需求，主要由于存在可靠性问题而引出了相关质量特性。在通用性能中，可靠性是基本质量特性，广义可靠性包含了型号的所有相关的通用特性。

（2）维修性

由于存在不可靠问题，就需要产品在规定的条件下和规定的时间内，按规定的程序和方法进行维修，以保持或恢复到规定状态，因而导出了维修性。

（3）测试性

为了保证产品的正常使用，需要及时准确地确定其状态。对于有故障的产品需要及时定位、查找故障原因进行维修，同时还要隔离其内部故障，因而导出了测试性。

（4）安全性

危险部位不可靠就影响安全，为了保证产品在规定的条件下和规定的时间内，保持不发生事故的状态，对人员、设备、财产或环境不会造成意外损害，因而导出了首要的安全性。

（5）保障性

为了进行维修、测试和安全防护，就需要武器装备的设计特性和计划的保障资源能满足平时和战时使用要求，从而导出了保障性。保障性是同时涉及产品与配套设备的综合特性，包含与产品保障相关的设计特性和保障资源的充足与适用程度。

（6）耐久性

耐久性是产品在规定的贮存、使用和维修条件下达到极限状态之前，完成规定功能的能力。耐久性通常用寿命度量，可靠寿命、贮存寿命与使用寿命均与可靠性密切相关。

（7）环境适应性

环境适应性是型号（产品）在其寿命周期预计可能遇到的各种环境的作用下，能实现其所有预定功能与性能和（或）不被破坏的能力。环境适应性不仅要求功能可靠，而且要求性能合格或结构完好。

7.1.2　相关特性工作项目选择

为了保证武器装备的固有质量特性，对于可靠性产生的相关问题都应当同时解决。因而广义可靠性理应包括所有相关的通用特性。

相关特性保证的工程策划与管理、验证与评价，都可以参照可靠性的相应工作项目的基本理念、工程途径与工作要点。

作为可靠性工程的扩展，本章主要阐述耐久性之外的维修性、测试性、安全性、保障性与环境适应性的要求和设计工作要点。

相关特性要求都要包括定性要求与定量要求；相关特性设计要点，通常都要制定相应的设计准则，作为保证定性要求的依据，同时也提供相应的分析工作要点。

维修性作为可靠性密切相关的质量特性，其设计工作项目多、难度大、相关军用标准篇幅大，因而根据需求特别归纳了维修性建模、分配与预计的方法与要点。

安全性和保障性都是通过系统分析完善相应的设计，因此重点阐述安全性分析与保障性分析的工作要点。

7.2　相关特性要求

7.2.1　维修性要求

维修性是产品在规定的条件下和规定的时间内，按照规定的程序和方法维修时，保持或回复规定状态的能力。同可靠性相似，维修性也有定性要求、定量要求与验证要求，其要点如下。

（1）维修性定性要求

维修性定性要求，为了使产品实现快速、简便、经济地维修，对产品设计、工艺和软件等提出非量化要求。

维修性定性要求通常包括简化产品及其维修操作、减少维修内容，具有良好的可达性，提高标准化与互换性程度，具有完善的防差错措施及其标识标志，检测诊断准确、迅速、简便，降低维修技能等要求，符合维修的人机环工程要求，考虑预防性维修、战场损伤及不工作状态对维修性的影响，保证维修安全。

（2）维修性定量要求

1）选择维修性参数。维修性参数有维修时间参数、维修工时参数与测试诊断类参数，其中维修时间参数有平均修复时间（MTTR）、系统平均恢复时间（MTTRS）、平均预防性维修时间（MPTR）等。

型号最常用的参数是基层级的平均修复时间（MTTR）：在规定的条件下和规定的时间内，产品在基层级修复性维修总时间与被修复产品的故障总数之比。

2）确定定量要求。全面考虑型号的使用要求、研制费用、进度要求、技术水平及相似产品维修性水平等因素，根据系统战备完好性、任务成功性、维修人力和保障资源等要求，经与可靠性、保障性协调权衡，确定产品维修性参数的指标要求。

7.2.2　安全性要求

安全性是产品不导致人员伤亡、系统毁坏、重大财产损失或不危及人员健康和环境的能力。

除了载人飞行器外，一般武器装备没有全系统安全性的定量要求，但是对于危险部位的单元产品，还是有相应的安全性定量要求，其定性与定量要求如下。

（1）安全性定性要求

安全性非量化的定性要求，通常包括消除已判定的危险或将其风险减少到允许水平，隔离危险的物质、部位、操作过程和关键器件，尽量减少恶劣环境或人为差错所导致的危险，采取连锁、冗余、防护或警示、报警等补偿措施，制定、实施、验证和更新专用的安全性设计准则。

（2）安全性定量要求

安全性是产品相关特性保证的首要特性，危险部位的可靠性就是相应组成单元的安全性，其可靠性指标就是该产品的安全性定量要求，并应列入可靠性关键产品进行质量控制与可靠性保证。

7.2.3　测试性要求

测试性是产品能及时并准确地确定其状态（可工作、不可工作或性能下降），并隔离其内部故障的能力。测试性是对产品故障定位进行维修的基础，通常采用仅取决于系统或设备硬件的设计，不受测试激励和响应数据影响的固有测试性。其定性与定量要求如下。

（1）测试性定性要求

测试性定性要求常有测试可控性、测试观测性、被测单元（UUT）与测试设备的兼容性。其中具体要求如下。

1）测试可控性系指确定或描述系统和设备有关信号可被控制程度的设计特性。

2）测试观测性系指确定或描述系统和设备有关信号可被观测程度的设计特性。

（2）测试性定量要求

测试性定量要求常有故障检测率、故障隔离率、故障检测时间、故障隔离时间和虚警率。其具体要求如下。

1）故障检测率系指用规定的方法正确检测到的故障数与故障总数之比。

2）故障隔离率系指用规定的方法将检测到的故障正确隔离到不大于规定模糊度与检测到的故障数之百分比；其中模糊度系指可能产生相同故障信号的单元所包含的可更换单元。

3）故障检测时间系指从开始故障检测到给出故障指示所经历的时间；故障隔离时间系指从检测出故障到完成故障隔离所经历的时间。

4）虚警率系指在规定时间内监控指示有故障而实际不存在的故障数和同一时间的故障指示总数之比。

7.2.4　保障性要求

保障性是装备的设计特性和计划的保障资源满足平时战备完好性和战时利用率要求的能力。其定性要求与定量要求如下。

（1）保障性定性要求

保障性定性要求涉及的范围广泛，同产品设计及其保障资源配置密切相关，应当根据相关标准、工程经验和型号特点，明确装备保障性定性要求。通用的定性要求概述如下。

1）标准化。标准化要求保障规划按照已有或新建系列型谱，最大限度地贯彻通用化、系列化、组合化（模块化）的要求，选择和研制保障设备。

2）继承性。在满足装备功能和性能要求的前提下，尽可能地采用成熟技术和已有设备，降低系统的复杂程度，减少对专用设备、工具和人力的需求。

3）经济性。按照相关军用标准规定，提高装备的可靠性、维修性、测试性、安全性、运输性，减少导弹的日常维护、技术准备和射前检查的项目和程序。

4）协调性。装备的保障方案应与其设计方案及使用方案相协调，计划的保障体制应与现行的体制相适应，并应更加简便、可靠、有效。

5）针对性。充分考虑部队的编制限额，合理划分技术专业，降低对使用维修人员数量和技术等级的要求。

6）通用性。在满足平时和战时使用与维修的前提下，尽量减少备件和消耗品的规格和数量、减少专用和特殊设备。

7）完整性。使用与维修装备的技术资料应配套齐全、内容系统完整，满足部队平时和战时使用与维修的要求。

8）及时性。向使用部队应及时提供装备的训练资料和训练器材以及相应的技术基础与操作技能的培训，尽快形成必要的保障能力。

9）实用性。使用与维修装备内计算机所需要的硬件、软件、文档、保障工具、设施和人员，要满足平时与战时使用与维修的需求。

10）匹配性。装备包装、装卸、贮存和运输所需保障资源，应与装备相匹配，同贮运环境相适应，保持贮运期的可用状态。

（2）保障性定量要求

保障性定量要求的参数多，需要在方案阶段经过可靠性、维修性等特性的综合分析、迭代权衡才能确定其要求。保障性参数包含综合参数、设计参数与资源参数，其要点如下。

1）综合参数。通常采用反映战备完好性的使用可用度 A_0 表示，其简化表达式为

$$A_0 = T_{BF} / (T_{BF} + T_{MCT} + T_{MLD}) \qquad (7-1)$$

式中　T_{BF} ——平均故障间隔时间；

　　　T_{MCT} ——平均故障修复时间；

　　　T_{MLD} ——平均保障延迟时间。

2）保障性设计参数。同确定装备保障资源相关的一些设计参

数，主要包括可靠性、维修性、测试性、运输性等通用特性参数。在保障性综合参数中已经包含了可靠性、维修性的设计参数。其中 T_{BF} 是可靠性参数 MTBF，T_{MCT} 是维修性参数 MTTR，T_{MLD} 是直接反映保障能力的参数——平均保障延迟时间（MLDT）。

对于武器装备的保障性设计参数，可以采用对使用维修保障影响最大的技术阵地贮存过程定期测试的可靠性参数与相应的维修性参数，作为确定保障性综合参数的权衡参数。

3）保障性资源参数。通常包括人员数量和技术等级、使用维护和训练用保障设备的类型、数量和利用率以及备件种类、数量和补给率等，难以用单一特征参数表示，可以采用在役装备作为基准比较系统进行衡量和选择。

7.2.5　环境适应性要求

环境适应性是型号（产品）在其寿命周期预计可能遇到的各种环境的作用下，能实现其所有预定功能与性能和（或）不被破坏的能力。

型号的环境适应性要求，是型号与产品环境适应性设计与验证的依据，同样包括定性要求与定量要求，其主要内容如下。

（1）环境适应性定性要求

环境适应性的定性要求，是保证产品满足环境适应性的非量化要求，主要包括采用成熟的环境适应性技术，产品耐环境设计，元器件、零部件和原材料的耐环境设计、改善环境条件设计、减缓环境影响等设计。

（2）环境适应性定量要求

环境适应性的定量要求，是在型号环境分析基础上，确定环境剖面和定量要求，其工作要点如下。

1）确定环境剖面。通过型号环境分析，确定产品寿命周期环境条件，研究各种环境条件对产品的影响，确定型号的寿命周期环境剖面，通常包括对型号的运输/装卸、贮存/供应、执行任务/作战使用各种状态事件所遇到的自然环境和诱发环境的类型和时序,采用文字、图表进行描述。

2) 确定定量要求。根据寿命周期环境剖面,通过对相似型号使用环境数据的统计分析,或对预定使用环境进行实地测量,确定型号环境类型及其量值,编制型号环境技术条件,明确型号的环境适应性设计的环境类型、应力量值及其确定依据。

其中环境类型包括自然环境和诱发环境,前者系在自然界中非人为因素构成的环境,后者系人为活动、平台或其他设备或设备内部产生的局部环境。

7.3　相关特性设计要点

7.3.1　维修性设计要点

维修性设计要点包括维修性设计准则、维修性分配与设计,其要点如下。

(1) 维修性设计准则要点

为了满足维修性定性要求,应当制定与实施产品维修性设计专用准则,设计准则的目标、内容要求与制定要求概述如下。

(a) 设计准则目标

为了减少维修停机时间、减少维修费用、降低维修复杂程度、降低维修人员要求、减少维修差错,应采用成熟技术、故障定位迅速、维修操作方便、维修保障资源经济有效等设计措施。

(b) 准则内容要求

在考虑人的因素、环境因素维修和保障资源(设备、人员、培训、装卸、运输)的约束条件下,进行产品的简化设计、可达性设计、标准化设计、互换性设计、模块化设计、防差错与识别标记设计、容错设计、测试性与诊断技术、预防性维修的维修性设计、静电危害与防护设计、战场损伤维修性设计等。

（c）准则制定要求

根据相关标准与手册、工程经验与通用准则要求，参照可靠性设计准则的制定程序与要求，结合产品特点制定和实施产品专用的维修性设计准则及其验证设计的核对表。在完成产品设计的同时，还应编写相应的设计准则符合性报告并填写核对表，作为产品设计的校对、审批与设计评审的依据。

（2）维修性建模要点

维修性建模的目的是用于定量分配、预计和评价产品的维修性，应参照相似产品的维修性信息，选用相关标准推荐的方法维修性建模，其模型分类、建模原则与信息基础分述如下。

（a）维修性模型分类

维修性模型分为基本维修性模型与任务维修性模型，通常不加注明时，均属基本维修性模型。按照建模目的又分为维修性分配模型与维修性预计模型；按照维修性参数又分为平均维修时间模型、维修性事件与相关维修作业时间关系模型、维修工时模型与系统任务维修性模型，其中最常用的是平均维修时间模型。

（b）维修性建模原则

维修性建模的基本原则为：针对建模的目的，准确表达产品维修性影响因素与维修参数的关系，并能随着产品内部结构与外部环境变化进行必要的修改完善。

综合考虑产品的故障检测与隔离方式、故障频率、结构特征，针对产品维修级别、保障条件、维修项目清单以及相似产品维修性故障经验，建立与产品复杂程度相应的维修性数学模型。

（c）维修性建模信息基础

维修性建模的信息基础为：根据产品研制要求与建模目的，确定建模的目的与参数；收集和整理产品或相似产品的相关信息、资料及维修约束条件。其中的主要信息包括：功能层次及其框图、结构布局、维修级别、保障条件、保障方案，影响产品维修性的可达性、互换性、故障检测与隔离特性、故障频率等设计特性，相似产品或相似单元的可靠性、维修性定量数据和定性要求，产品的可靠性水平、可靠性分析结果。

（3）平均维修时间模型

平均维修时间模型是型号研制中最常用的维修性模型。系统维修包括各种不同的维修事件，其所需时间之间的关系可以通过全概率公式描述。系统平均维修时间的数学模型为

$$\overline{M}_s = \sum_{i=1}^n \alpha_i \overline{M}_i \qquad (7-2)$$

式中　$\overline{M}_s$——系统平均维修时间；

　　　$\overline{M}_i$——第 i 项维修事件的平均维修时间；

　　　α_i——第 i 项维修事件发生的概率，$\sum_{i=1}^n \alpha_i = 1$；

　　　n——在所建模的维修级别上，系统的维修事件数。

在确定系统的平均修复时间时，α_i 只与产生修复性事件的故障所对应的故障率相关，即

$$\alpha_i = \lambda_i / \sum_{i=1}^n \lambda_i \qquad (7-3)$$

式中　λ_i——产生第 i 维修事件的故障所对应的故障率。

在确定系统的平均预防性维修时间时，α_i 只与产生修复性事件的故障所对应的频率相关，即

$$\alpha_i = f_i / \sum_{i=1}^n \lambda_i \qquad (7-4)$$

式中　f_i——产生第 i 维修事件的故障所对应的频率。

（4）维修性分配与预计要求

（a）维修性分配要求

维修性分配的目的是将产品顶层的维修性定量要求逐层分配给规定的产品层次。

维修性分配的依据是对新研产品以各功能层次上组成单元的复杂程度为基础，通常按各单元的故障率分配；如有设计经验或相似产品，则以过去经验或相似产品数据为基础进行分配。

维修性分配的时机，应在产品初始阶段完成指标的初步分配，并在设计过程进行必要的协调分配；维修性分配应与可靠性分配、测试性分配、保障性分析及维修性预计密切协调，保证分配指标的可行性。

（b）维修性预计要求

维修性预计的目的是估计产品的维修性参数，评价产品设计方案在规定的保障条件下能否满足规定的维修性定量要求，以及维修保障分系统能否有效地满足使用要求。

1）维修性预计的对象。应按确定的维修级别、产品层次、维修保障方案、针对维修性参数分别对产品及其组成单元进行维修性预计。

2）维修性预计的时机。应从设计早期开始，并随着设计更改和有关信息的增加进行必要的调整预计。

3）维修性预计的依据。主要依据相似系统的维修性统计数据，预计精度取决于系统之间的相似程度。同时基于维修作业所需平均时间具有相当的稳定性、维修作业的频度与保障设计因素有关、基本维修作业彼此独立、维修总时间仅与基本维修作业时间相关等假设。

（5）维修性分配与预计的准备

（a）使用需求分析

确定型号的使用要求、环境条件和其余约束条件，包括寿命剖面和任务剖面。

（b）功能层次分析

确定型号各组成单元的功能层次，由系统逐步分解到所需层次的产品，即可更换单元，绘制系统功能层次图，表示从系统到每一低层次单元的功能层次关系及其所需维修专业。

（c）确定维修方案

根据维修策略和保障方案确定各维修级别的任务、职能和分工，绘制描述各级维修职能的流程图，对每一维修级别提出修复性维修和预防性维修的要点，找出各项职能之间相互联系。

（d）确定维修频率

对于需要分配预计的每一功能层次产品，根据可靠性分配或预计的结果以及维修方案，分别确定修复性维修和预防性维修的频率。

（e）确定分配指标和预计的参数、方法和数学模型

根据型号研制要求给定的维修性定量要求确定相应指标和参数，根据分配、预计的要求、时机、产品类型确定相应的方法和数学模型。

（6）维修性分配方法

（a）等值分配法

对于各组成单元的复杂程度、故障率及维修难易程度均相似的系统，可将系统的平均修复时间均匀的分配到下一层次组成单元，其分配模型为

$$\overline{M}_i = \overline{M}_s / N \tag{7-5}$$

式中　　$\overline{M}_s$——单元 i 的平均修复时间；

　　　　N——下一层次的组成单元数；

　　　　$\overline{M}_s$——系统的平均修复时间。

（b）按故障率分配法

对于已经分配了可靠性指标或已有可靠性预计值的系统，可按故障率高的维修时间应当短的原则进行分配，其分配模型为

$$\overline{M}_i = \overline{M}_s (\overline{\overline{\lambda}} / \lambda_i) \tag{7-6}$$

其中　　　　　　　$$\overline{\overline{\lambda}} = \sum_{i=1}^{n} \lambda_i / N \tag{7-7}$$

式中　　$\overline{\overline{\lambda}}$——各单元的平均故障率；

　　　　λ_i——单元 i 的故障率；

　　　　N——系统组成的单元数。

（c）加权分配法

对于已有可靠性数据和设计方案等质量的系统，可以采用按故障率和设计特性的综合加权分配法，其分配模型为

$$\overline{M}_i = \beta_i \overline{M}_s \tag{7-8}$$

其中 　　　　　　　　　　$\beta_i = K_i \bar{\bar{\lambda}} / \bar{K} \lambda_i$ 　　　　　　　(7-9)

$$\bar{K} = \sum_{i=1}^{n} K_i / N \qquad (7-10)$$

式中　β_i——修复时间综合加权系数；

　　　$\bar{K}$——各单元加权因子平均值；

　　　K_i——单元 i 的维修性加权因子，可据产品结构类型、

　　　　　　故障检测和隔离方式、可达性、可更换性及测试

　　　　　　性等因素经过统计分析得到，维修性越差 K_i

　　　　　　越大。

（d）相似产品法

对于已有相似产品维修性数据的系统，可以采用相似产品分配法，其分配模型为

$$\bar{M}_i = \bar{M}_s \bar{M}_{0s} / \bar{M}_0 \qquad (7-11)$$

式中　$\bar{M}_0$——相似产品已知的或预计的平均修复时间；

　　　$\bar{M}_{0s}$——相似产品已知的或预计的单元 id 的平均修复时间。

（7）维修性预计方法

产品维修性预计的方法很多，包括概率模拟预计法、功能层次预计法、抽样评分预计法、运行功能预计法、时间累计预计法与单元对比预计法，其中部分预计方法的基本假设与原理概述如下。

1）概率比模拟预计法。将完成作业中持续时间短、相对变化小且与系统结构无关的简单维修操作定义为"基本维修作业"，并作为组成修复时间的基本组成部分，由此通过综合作业时间的概率分布导出系统的维修时间常数。

概率比模拟预计法的基本假设和原理，是采用"排除故障的时间结构"图，用以描述从基本作业时间到维修活动时间组合成为排除故障的实际修复时间以及总的停机时间的结构流程。该方法需要的数据基础好，且程序复杂难以操作。但是所用排除故障典型时间结构图，可以作为系统维修性预计的基本思路和通用程序。

系统排除故障典型时间结构，如图 7-1 所示。

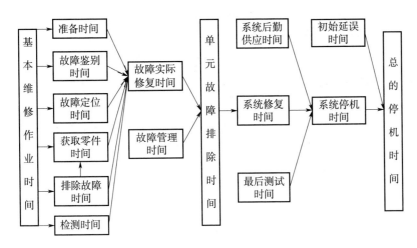

图 7-1　系统排除故障典型时间结构图

2）功能层次预计法。既可以根据过去的经验，对产品不同层次的各项作业提供以小时为单位的操作时间估计方法，又可以根据产品维修设计特性出发，提出对各项维修作业时间的估计方法。

功能层次预计法的基本假设和原理是，假定相似产品的类型与维修时间可以用来预计产品的维修时间，或是分析产品的基本特性，能够对修复性维修和预防性维修所需的维修作业时间作出良好估计。对于工程基础薄弱的型号难以采用这种预计方法。

除了上述预计方法外，还有抽样评分预计法、运行功能预计法、时间累计预计法与单元对比预计法，其中在工程中比较适用的预计法有抽样评分预计法与单元对比预计法，将作为重点阐述其预计方法要点。

3）抽样评分预计法。维修性抽样评分预计法可用于电子系统和设备在研制过程对所有维修性的基本参数进行预计，其基本假设、基本原理、主要程序和预计模型概述如下。

a）预计的基本假设。基于系统设计特性的一致性假设，认为更换单元故障直接引起系统故障，并决定系统维修停机时间。同时认为停机时间是系统结构维修资源以及维修人员素质等设计因素的函数。

　　b）预计的基本原理。由于系统的复杂性，既不可能也不需要对其中的全部可更换单元进行维修时间分析。因此采用随机抽样原理，从同一类可更换单元中随机选取具有代表性的专业样本，对其典型的维修性分析确定样本的维修作业所需时间。对维修作业中每项操作所需时间进行分析，即可估计出完成该维修作业所需的时间。

　　c）预计的主要程序。从系统中选取可更换单元的随机样本，按其类别分成较小的子样本，对于相对故障率（百分数）较高的产品应选取较大的样本量，对其中每一可更换单元进行维修性分析。

　　对于维修作业时间分析，根据单元的结构设计因素、维修资源因素与维修人员因素分别制定具有统一评分方法和评分标准的核对表进行评分。

　　最后利用数学模型和回归方程代入相应的评分值，就可以获得相应的产品停机时间估计值。

　　d）预计的数学模型。对于已知抽取的维修作业样本量及其单次作业时间的系统，其平均修复时间、预防性维修时间和平均维修时间的数学模型如下。

　　平均修复时间为

$$\overline{M}_r = \sum_{i=1}^{N} \overline{M}_{ri} / N \tag{7-12}$$

式中　$\overline{M}_r$——平均修复时间；

　　　　N——修复性维修作业样本量；

　　　　$\overline{M}_{ri}$——单次修复性维修作业时间。

　　平均预防性维修时间为

$$\overline{M}_p = \sum_{i=1}^{N} \overline{M}_{pi} / N \tag{7-13}$$

式中　$\overline{M}_p$——平均预防性维修时间；

　　　　N——预防性维修作业样本量；

　　　　$\overline{M}_{pi}$——单次预防性维修的作业时间。

$$\overline{M}_{rmax} = \exp(\ln \overline{M}_r + 1.6456) \tag{7-14}$$

$$\ln \overline{M}_r = \sum_{i=1}^{N} \ln \overline{M}_{ri} / N \qquad (7-15)$$

$$\delta = \sqrt{\frac{\sum_{i=1}^{N} (\ln M_{ri})^2 - (\ln M_{ri})^2 / N}{N-1}} \qquad (7-16)$$

平均维修时间为

$$\overline{M} = \frac{F_r \overline{M}_r + F_p \overline{M}_p}{F_r + F_p} \qquad (7-17)$$

式（7-14）～式（7-17）中

$\overline{M}_{rmax}$——最大修复时间（给定置信度的百分位）；

$\overline{M}$——最大修复时间；

F_r，F_P——与修复性维修、预防性维修相应的维修频率。

注：数学模型的具体应用参见 GJB/Z 57 的相应方法。

4）单元对比预计法。维修性单元对比预计法适用于型号方案阶段的早期预计，其基本假设、预计依据与预计模型概述如下。

a）预计的基本假设。系统的平均维修时间，既与各单元的维修时间有关，又与各单元的维修频率有关；单元的维修时间又取决于其规模及故障检测、隔离、拆装、更换的难易程度。

b）预计的主要依据。在所有维修级别可更换单元清单、每一可更换单元的相对复杂程度、至少有一可更换单元的可靠性、维修性水平、每一定期预防性维修单元的维修频率的相对量值。

c）预计的数学模型。根据已知基本单元的维修时间和频率，通过对比分析预计其余单元的维修时间与频率，其平均修复时间、平均预防性维修时间、平均维修时间及其相关系数的数学模型如下。

平均修复时间为

$$\overline{M}_r = \overline{M}_{r0} \sum_{i=1}^{N} h_{ri} k_i / \sum_{i=1}^{N} k_i \qquad (7-18)$$

式中　$\overline{M}_{r0}$——基准可更换单元的平均修复时间；

k_i——产品中第 i 可更换单元相对故障率系数；

h_{ri}——产品中第 i 可更换单元相对维修时间系数。

平均预防性维修时间为

$$\overline{M}_p = \overline{M}_{p0} \sum_{i=1}^{N} h_{pi} l_i / \sum_{i=1}^{N} l_i \qquad (7-19)$$

式中　$\overline{M}_{p0}$——基准单元定期预防性维修的平均时间；

　　　l_i——产品中第 i 预防性维修单元相对预防性维修的频率
　　　　系数；

　　　h_{pi}——产品中第 i 预防性维修单元相对维修时间系数。

平均维修时间为

$$\overline{M} = \left[\overline{M}_{r0} \sum_{i=1}^{N} h_{ri} k_i + Q_0 \overline{M}_{p0} \sum_{i=1}^{N} h_{pi} l_i \right] / \left[\sum_{i=1}^{N} k_i + Q_0 \sum_{i=1}^{N} l_i \right]$$

$$(7-20)$$

其中　　　　　　　　　$Q = f_0 / \lambda_0 \qquad (7-21)$

式中　f_0——预防性维修基准单元的预防性维修频率；

　　　λ_0——修复性维修基准单元的故障率。

相对故障率系数为

$$k_i = \lambda_i / \lambda_0 \qquad (7-22)$$

式中　λ_i——产品中第 i 可更换单元的故障率；

　　　λ_0——产品中第 i 基准单元的故障率。

相对维修时间系数为

$$h_i = \sum_{j=1}^{4} h_{ij} \qquad (7-23)$$

式中　h_{ij}——产品中第 i 可更换单元第 j 种维修祖业与基准单元相
　　　　应维修作业时间（t_{0i}）之比。

式（7-23）中，$j=1$，2，3，4 分别对应维修作业的定位隔离、拆
卸组装、安装更换与调整检测相应的维修时间。

相对维修频率系数为

$$l_i = f_i / f_0 \qquad (7-24)$$

式中　f_i——产品中第 i 预防性维修单元维修的频率；

　　　f_0——产品中第 i 基准单元预防性维修频率（t_0）。

注：数学模型的具体应用参见 GJB/Z 57 的相应方法，相关系数也可以根据设计方案和设计特性进行估算。

（8）维修性分析要点

维修性分析的目的是对产品设计方案进行权衡、确定并量化维修保障要求、向维修保障计划提供输入，并评价维修性设计要求的符合性，为建立实现维修性要求的设计准则提供依据。维修性分析项目与分析要点概述如下。

（a）维修性分析项目

维修性分析的主要项目包括：

1）维修性要求及有关约束条件分析、对产品设计方案进行维修性权衡分析，包括维修性设计权衡并与其余性能设计的权衡，确保整体优化。

2）结合装备保障方案对装备维修时间进行分析，为制定维修性设计准则与提出、细化测试性要求提供依据。

3）对产品的故障检测能力利用电子样机、仿真等方式对产品的可达性、可视性、维修安全性等操作因素进行分析。

4）对产品维修进行人素分析，包括维修作业人力分析、可达性分析、操作空间分析以及可视性分析。

5）综合利用可靠性、维修性、保障性的相关信息进行维修费用预测分析。

（b）维修性分析要点

1）对基层级的备选维修方案进行定量和定性的分析、评定、权衡和决策，确定维修、保养策略与保障计划，证实设计符合维修性要求。

2）维修性通常决定于测试和诊断系统设计的恰当性和有效性，因此维修性分析应当包括对测试和诊断系统的构成和设计的相应分析，也应与保障性分析结合进行。

3）结合相关特性分析对维修级别进行 FMEA，以便确定需要的维修性设计特征、获取故障检测、故障排除措施等维修性信息，并为详细的维修保障计划和保障性分析提供输入。

4）对装备在战场的可能损伤，应进行抢修性分析。参照相关标准，以产品 FMEA 为依据，对战场损伤模式进行逻辑判断，确定抢修故障类型，分析抢修的快捷性和所需资源，用以改进与完善设计。

7.3.2　安全性设计要点

安全性设计理应包含定性设计、定量设计与分析权衡。其中定量设计随同相应的可靠性设计，定性设计需要制定并实施专用的安全性设计准则，同时通过系统安全性分析完善设计，最后进行安全性评价。安全性设计准则、系统安全性分析与安全性评价的要点如下。

（1）安全性设计准则要点

同可靠性类似，需要参照相关标准、充分总结经验并结合产品特点，编制并实施专用的安全性设计准则，其主要内容应包括消除危险或减小风险设计，隔离危险部位和过程设计，减少环境或人为差错设计，采取保险、警示等补偿设计。

（2）系统安全性分析要点

参照相关标准要求，进行安全性分析和危险分析，识别型号在寿命周期内可能存在的危险，评价其风险，并采取措施消除和降低风险。其主要程序如下：

1）用初步危险表列出型号设计中可能存在的危险部位清单；

2）进行初步危险分析，确定型号安全性关键部位，评价相应危险，提出安全性设计方案；

3）进行分系统危险分析，确定型号分系统及其相关接口可能导致的危险及其影响方式；

4）进行系统危险分析，确定型号有安全性问题的危险部位，并进行其危险的风险评价；

5）进行软件危险分析，依次在产品的软件需求、概要设计、详细设计、编程、接口和更改设计的同时进行危险分析，确定安全性关键软件并进行其风险评价；

6）进行使用与维修危险分析，确定和评价型号在使用中与环境、人员、规程和设备有关的危险并进行风险评价。

（3）安全性评价要点

在型号大型试验、设计定型或使用前，应全面评价型号的安全特性和使用过程可能导致的危险等级及其风险水平。

安全性评价是在型号安全性分析基础上，分析其危险部位产生危险的可能性及其影响的严重性，并对危险的可能性和严重性进行综合分析，确定发生事故的风险指数，最终进行风险水平评价。

危险可能性、危险严重性的等级、风险指数与风险评价的要点如下。

（a）危险可能性

危险可能性是危险事件发生的可能程度，其等级划分与定义如表 7 - 1 所示。

表 7 - 1　危险可能性等级表

频度	等级	单元产品定义	系统总体定义
频繁	A	可能经常发生	连续发生
很可能	B	在寿命周期内可能发生若干次	频繁发生
有时	C	在寿命周期内可能偶尔发生	发生若干次
极少	D	在寿命周期内不易发生，但有可能	不易发生，预计可能
不可能	E	不易发生，几乎不会发生	不易发生，但有可能

（b）危险严重性

危险严重性是危险引起事故的严重程度，其等级划分与定义如表 7 - 2 所示。

表 7 - 2　危险严重性等级表

严重性	等级	危险严重性定义
灾难的	I	人员死亡，系统完全损失或报废
严重的	II	人员严重伤害（含严重职业病），系统或环境较严重破坏
轻度的	III	人员轻度伤害（含轻度职业病），系统或环境轻度破坏
轻微的	IV	轻于III类的人员伤害，轻于III类系统或环境破坏

（c）风险指数

风险指数是以矩阵形式综合表示危险严重性和危险可能性，风险指数矩阵如表7-3所示。

表7-3　风险指数评价矩阵表

危险可能性等级	危险严重性等级			
	Ⅰ级（灾难的）	Ⅱ级（严重的）	Ⅲ级（轻度的）	Ⅳ级（轻微的）
A级（频繁）	1A	2A	3A	4A
B级（很可能）	1B	2B	3B	4B
C级（有时）	1C	2C	3C	4C
D级（极少）	1D	2D	3D	4D
E级（不可能）	1E	2E	3E	4E

（d）风险水平

风险水平分类是将风险指数按照可接受程度划分的评价准则，风险水平分类如表7-4所示。

表7-4　风险水平分类表

风险指数	风险水平	评价准则
1A、1B、1C、2A、2B、	高	不可接受
1D、2C、3A、3B	严重	不希望（一般不接受）
2D、3C、1E、2E、3D、3E、4A、4B	中	接受（但需经评审）
4C、4D、4E	低	可接受

（4）安全性分析工作表

型号安全性分析的最终成果，可以参照硬件FMECA工作表，在故障模式、影响分析的基础上，进行危险可能性、危险严重性与风险指数分析与评价，再采取设计改进措施和使用补偿措施。

7.3.3　测试性设计要点

型号测试性设计是确定产品状态与故障定位并进行使用与维修

的技术基础，也可分为测试性定性设计和逐步完善设计的测试性分析，其工作要点概述如下。

（1）测试性定性设计要点

测试性定性设计应参照相关标准要求，制定并实施专用的测试性设计准则，其主要内容包括总体设计准则和电路设计准则。

（a）总体设计准则要求

在产品故障模式分析的基础上进行测试性总体设计，其设计准则通常包括：综合权衡设计，测试项目、测试参数和测试点的选择，机内测试（BIT）项目与测试点选择，机内测试及其与机外测试的兼容性设计，被测单元的划分，测试可控性和可观测性设计，唯一初始状态预置设计，测试容差设计等准则。

（b）电路设计准则要求

电路设计准则包含印制电路板（PCB）电路设计、模拟电路设计、数字电路设计、射频（RF）电路设计、机内测试与机内测试设备（BITE）设计、光电（EO）分离/耦合设计、火工电路的测试性及其安全性设计等准则。应参照相关标准通用准则，并结合工程经验与产品特点进行取舍，编制专用的设计准则及其核对表。

（2）测试性分析要点

测试性也要在分析过程中确定测试性要求和完善测试性设计。其分析程序与要求概述如下。

（a）诊断方案分析

诊断方案系指系统或设备诊断的范围、功能和运用的初步安排。诊断方案分析是对备选诊断方案进行分析评价，确定系统测试性要求并分配到低层次产品。

（b）初步设计与分析

将合适的测试性设计方案结合到产品的初步设计中，并进行固有测试性分析和评价。

（c）详细设计与分析

将测试性设计到产品中，预计可能达到的测试性水平，保证诊断要素有效的综合和兼容。

（d）测试性分析重点

重点分析关键的和高故障率的产品及其连接部分在基层级故障检测和故障隔离的水平。

7.3.4　保障性设计要点

参照可靠性设计准则要求，制定并实施型号专用的保障性设计准则，其主要内容应保证保障性定性要求的实现。

保障性设计必须在保障性分析过程中确定其要求并逐步完善设计，在设计过程中采用反复论证、综合权衡以获得经济有效的保障系统。型号保障性分析要点概述如下。

（1）装备使用与维修分析

通过型号的使用与维修研究，确定与型号预定使用与维修程序有关的保障性因素，包含任务频度、持续时间、维修期限、环境和保障资源要求，选择型号的备选保障方案，要点如下。

1）根据型号预定的任务、用途及现场情况，考虑其机动性要求、部署及使用方案、任务频度及持续时间、基地设置方案、使用环境，维修环境、预定使用寿命、以及人的能力与限度等影响，确定型号平时和战时的保障因素。

2）经过对使用单位和保障部门的调研，确定型号使用过程的配置数量、任务频度、持续时间、运输方式、运输距离，发射数量、维修级别、维修期限、环境要求、使用、维修和保障的人员数量，编写并及时修改型号的使用研究报告。

3）选择备选方案。根据型号必备的使用与维修保障功能，选择备选保障方案，包括满足保障要求并与设计方案相协调的保障方案与维修方案，并经过权衡后进行优化分析。

（2）设计标准化分析

对型号保障设备现有资源和规划资源进行对比分析，确定保障设备（软、硬件）标准化的层次和要求，提供型号保障性的设计约束，其要点如下。

1）根据装备的强制性标准化要求、使用研究结果、备选设计方案以及现有和预计的保障资源，考虑所有综合保障要素，确定与备选方案相应的保障资源。

2）对由于费用、人员数量与技术等级、战备完好性等方面会成为装备研制约束的保障资源项目，应该用定量的参数确定其保障性要求和有关的设计约束，并分析相应的风险。

3）将保障性、费用和战备完好性的信息，按照设计进度输入型号硬件和软件的标准化层次，并确定相应的标准化实用方法。

（3）基准系统比较分析

选择代表新研型号特性的相似型号作为基准系统，通过对比分析，确定保障性参数初步要求和改进目标、主宰因素与技术途径。其要点如下。

1）选择最能代表新研型号备选方案的设计特性、使用特性和保障特性的现役装备的系统和设备组成基准比较系统。

2）确定比较系统的使用与保障费用、保障资源要求、可靠性与维修性、战备完好性的数值，并根据使用过程的差异进行数值调整。

3）通过对比分析，确定新研型号中有显著差别的备选方案的保障性、费用、战备完好性的主宰因素。

4）确定在比较系统中存在而在新研型号中应当避免的环境、危害健康、影响性能、安全及保障性等问题。

5）确定比较系统的保障性、费用、战备完好性的主宰因素以及新研型号中特有装备的保障性、费用、战备完好性的主宰因素。

6）随着新研型号备选方案的细化和比较系统数据的补充，应及时修正上述参数、主宰因素，并确定比较系统及由其确定的参数、主宰因素的风险和假设。

（4）改进途径分析

确定与评价从设计上改进型号保障性的技术途径，其要点如下。

　　1）鉴别在型号和保障资源研制中可采用的先进技术和可改进的项目，并估计可达到的改进数值。

　　2）随着型号备选方案的细化，修正改进设计的目标，并分析采用先进技术对设计目标、费用和进度的风险。

　　（5）设计要求分析

　　根据型号使用特性和保障特性分析，确定装备保障性的定量特性参数及其设计指标和保障性定性要求，其要点如下。

　　1）根据型号的备选保障方案及使用方案确定保障性的定量的使用特性和保障特性。使用特性包含人员数量与技能等要求；保障特性包含可靠性与维修性、战备完好性、使用与保障费用等要求。

　　2）分析新研型号的保障性、费用和战备完好性的主宰因素中有关变量的敏感度，制定相应的初定目标，并确定达到目标的风险。

　　3）确定新研型号的保障性及有关的设计约束，包括危险物资、有害废料、环境污染等有关问题的定量和定性的设计用约束。

　　4）随着型号设计方案的细化，修正型号的保障性、费用和战备完好性的初定目标，并制定其目标值和门限值。

7.3.5　环境适应性设计要点

　　型号环境适应性设计，为满足型号环境适应性要求而采取的设计措施，其主要方法是采取改善环境或减缓环境影响的措施并采取耐环境设计。环境适应性设计的主要途径，是通过环境分析，确定产品寿命周期内的环境条件，研究各种环境条件对产品的影响，制定和实施产品环境适应性设计准则，指导产品环境适应性设计，再通过环境适应性分析，评价产品环境适应性要求的符合性，其工作要点如下。

　　（1）制定环境适应性设计准则

　　环境适应性设计准则是产品满足环境适应性要求的基本保证，制定准则的基本要求及其主要内容概述如下。

（a）制定准则的基本要求

承制单位应根据相关标准与手册，结合工程经验与产品特点，制定和实施产品专用的环境适应性设计准则，指导设计人员环境适应性设计工作，并编写设计准则符合性报告，作为产品设计校对、审批和评审的重要依据。

（b）设计准则的主要内容

环境适应性设计准则的主要内容包括：成熟的环境适应性设计技术；适当的耐环境设计余量；防止瞬态过应力作用的措施；选用耐环境能力强的元器件、零部件和材料；采用改善环境或减缓环境影响的措施，如冷却、减振等；环境防护设计，如保护层、密封等设计措施。

（2）环境适应性分析

环境适应性分析的目的是实现环境适应性评价，通过对产品设计方案、环境适应性设计准则与环境适应性要求的对比分析，评价环境适应性设计满足环境适应性要求的程度。

具体方法是对产品的最恶劣环境与其耐环境极限能力进行对比分析，其工作要点归纳如下。

（a）产品最恶劣环境分析

充分考虑产品每一工作模式，对装载平台环境、装备自身工作特性和相邻装备工作情况进行分析，确定产品所处的最恶劣的环境类型与量值。

（b）耐环境极限能力分析

通过对产品所有材料、元器件及零部件的有关手册提供的相关数据收集与分析，确定产品的定量耐环境极限能力。

（c）环境适应性评价

通过对产品最恶劣环境应力与产品耐环境极限能力的对比分析，评价产品承受最恶劣环境的能力以及产品承受最恶劣环境的余量。

参 考 文 献

[1] GJB 450A—2004. 装备可靠性工作通用要求.

[2] GJB 451A—2005. 可靠性维修性保障性术语.

[3] GJB 3404—1998. 电子元器件选用管理要求.

[4] GB/T 13016—2009. 标准体系表编制原则和要求.

[5] GB/T 13017—2008. 企业标准体系表编制指南.

[6] GB/T 15496—2003. 企业标准体系：要求.

[7] GB/T 15497—2003. 企业标准体系：技术标准体系.

[8] GB/T 15498—2003. 企业标准体系：管理标准体系和工作标准体系.

[9] GB/T 19273—2003. 企业标准体系：评价与改进.

[10] GJB 368B—2009. 装备维修性工作通用要求.

[11] GJB 900—1990. 系统安全性通用大纲.

[12] GJB 1371—1992. 装备保障性分析.

[13] GJB 1389A—2005. 系统电磁兼容性要求.

[14] GJB 1909A—2009. 装备可靠性维修性保障性论证要求.

[15] GJB 2072—1994. 维修性试验与评定.

[16] GJB 2547—1995. 装备测试性大纲.

[17] GJB 3872—1999. 装备综合保障通用要求.

[18] GJB 4239—2001. 环境工程通用要求.

[19] GJB 4355—2002. 备件供应规划要求.

[20] GJB/Z 57—1994. 维修性分配与预计手册.

[21] GJB/Z 91—1997. 维修性设计技术指南.

[22] GJB/Z 114A—2005. 产品标准化大纲编写指南.

[23] GJB/Z 145/Z—2006. 维修性建模指南.

[24] GJB/Z 102—1997. 软件可靠性和安全性设计准则.

[25] GJB/Z 220—2005. 军工企业标准化工作导则.

[26] QJ 2236A—1999. 航天产品安全性保证要求.

[27]　QJ 3051—1998. 航天产品测试性设计准则.

[28]　QJ 893A—1999. 标准选用及更新代替的有关规定.

[29]　QJ 3139—2001. 危险分析指南和程序.

[30]　QJ 3273—2006. 航天产品安全性分析指南.

[31]　龚庆祥. 型号可靠性工程手册 [M]. 北京：国防工业出版社，2007.

[32]　何国伟. 可信性工程（第二版）[M]. 北京：中国标准出版社，2008.

第 8 章　可靠性改进与发展

8.1　可靠性工程改进

8.1.1　改进的基本要求

以概率论和数理统计为理论基础的可靠性保证工程，研究的是故障的产生、发展和预防的规律，确保新研武器装备达到规定的可靠性要求，以满足系统战备完好性和任务成功性要求、降低对保障资源的需求、减少寿命周期费用。

为了保证型号可靠性要求，必须对可靠性保证工程进行持续改进，对改进的需求进行分析，其要点如下。

（1）改进需求分析

武器装备产生故障的基本原因可以分为两类：一类是原理性故障，另一类是随机性故障。对于原理性故障，按照正常研制程序，经过有限试验可以有效发现和排除故障；对于随机性故障，经过有限的研制试验，难以暴露全寿命复杂随机因素诱发的故障。

（2）循环改进理念

为了不断提高预防随机因素诱发故障的能力，必须对可靠性工程进行持续有效的改进。军标 GJB 9000 明确了持续改进的基本理念是增强满足要求能力的循环活动。国际质量管理通用的"戴明质量环——策划、实施、检查和处理（PDCA）"，经过工程实施和检查审核，发现问题，采取处理措施，再反馈到策划的源头，实现闭环管理。

（3）循环改进要求

（a）建立 FRACAS

按照标准要求，在研制、生产和使用过程中建立"故障报告、分析和纠正措施系统（FRACAS）"，及时报告出现的故障，确立并执行故障记录、分析和纠正的程序，防止故障重复出现。

可靠性工程中常用的故障纠正程序是对故障进行技术归零和管理归零。

（b）实施技术归零

要求"定位准确，机理清楚，问题复现，措施有效，举一反三"，可以防止同样的故障再次发生，但是难以防止同类故障的再现。对于复杂武器系统由随机因素诱发的故障，尤其在没有残骸可供分析的条件下，要想做到"定位准确，机理清楚"，相当于"大海里捞针"非常困难。同时也应承认存在未被认识的随机因素，切不可以勉为其难逼出假象。一时难以做到"技术归零"，最后只能采取"综合治理"。

（c）实施管理归零

要求"过程清楚，责任明确，措施落实，严肃处理，完善规章"。管理归零的最终纠正措施是"完善规章"，可以在管理策划的源头上防止故障的发生。国际质量管理通用的戴明质量环（PDCA），正是从质量策划开始的。

（4）完善信息系统

建立完善的可靠性信息系统，尽可能地收集武器装备全系统全寿命期的可靠性信息，采用统计分析方法，研究随机因素诱发故障的机理，采取相应的改进措施，完善型号可靠性标准体系，再反馈到可靠性要求论证和可靠性工程策划的源头，完成持续改进的闭环反馈。

型号寿命周期可靠性信息流程示意图如图 8-1 所示。

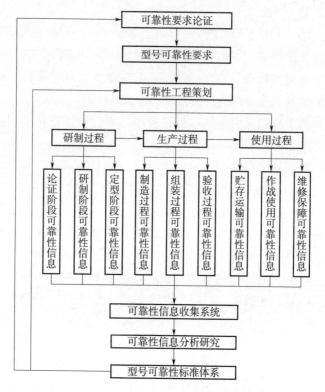

图 8-1　型号寿命周期可靠性信息流程示意图

8.1.2　改进的技术基础

武器装备作为大型复杂系统，在产品研制、生产和使用过程中，有大量的内外随机因素影响其可靠性。为了探索全寿命随机因素诱发武器装备故障的规律，需要长期的信息和数据积累，不断地总结正反经验，逐步夯实可靠性工程改进的工程基础——建立信息库，奠定改进的技术基础——开展专题研究，其工作要点概述如下。

（1）夯实改进的工程基础——建立信息库

可靠性工程改进的工程基础，是由历代型号全系统、全寿命可靠性信息为基础的数据库。有了型号各层次产品从论证开始、经过研制、生产、使用到退役的所有可靠性信息，尤其是成功的经验和失败的教训，就有了持续改进的坚实基础。

在型号的研制、生产过程，可靠性信息比较容易收集，而部队使用过程的可靠性信息历来难以齐全。武器装备正式产品在真实使用环境下大量长期使用的可靠性信息，是全面评价型号可靠性最丰富而又最宝贵的信息。

使用信息难以齐全的症结是使用过程可靠性信息的收集与传输缺少畅通的渠道。在型号设计定型后，研制单位只有少数售后服务人员带回部分可靠性信息，部队使用维修过程大量的可靠性信息，缺少系统的收集要求和反馈渠道。

疏通可靠性信息渠道的关键，在于承制方从大型系统的全局观念出发，建立全寿命可靠性信息的管理系统，形成规范化的可靠性信息收集与传输渠道，同时要按专业深入开展可靠性信息的专题研究。

（2）奠定改进的技术基础——开展专题研究

型号研制单位各专业的主任设计师，不应满足于"工匠式"重复劳动，要成为本专业的领航人才，必须开展本专业的可靠性研究。应当尽早开展立项论证，申报本专业的"可靠性基础信息研究"课题。借助课题提供的保障条件，开展广泛深入的调查与研究，夯实可靠性的专业基础。

可靠性专题研究的基本途径是广征博引、统计分析、循环迭代。广泛收集本课题的国内外相关信息，达到横向信息最大化，再对获得的信息进行纵向梳理与统计分析，探索研究其规律性，经过型号研制的循环迭代，逐步深化研究成果。

可靠性专题研究的首要任务是收集国内外相似产品的可靠性信息，通过网络检索、走访部队、查阅档案和专家问询，尽可能地收集历代型号本专业产品全寿命的可靠性信息，再分析研究国外的先进经验与发展趋势，国内的工程现状与存在问题，编写调查报告。

在获得本专业产品可靠性信息的基础上，分析产生故障的规律性，充分总结经验与教训，研究相应的解决途径，重点修订本专业的可靠性设计准则，对产品可靠性进行定性评价和定量评估，为后继型号可靠性要求的论证和可靠性工程策划提供坚实依据，从而夯实可靠性专业基础，持续提高可靠性水平。

8.1.3 改进的法治途径

（1）法治建设要求

国家关于企业管理的标准明确规定：企业为有效实现确定的目标，应当建立完整的标准体系，包括技术标准体系、管理标准体系和工作标准体系，对相应的技术事项、管理事项和工作事项制定统一标准，其要点如下。

（a）技术标准体系

不应局限于设计、试验与工艺的操作规范，应当根据型号研制要求进行项目配套，逐步细化。

（b）管理标准体系

不应只依靠少数人制定的红头文件和质量管理体系文件，没有经过严格的标准制定程序，总是带有严重的人治烙印。应当按照标准化要求建立完整体系。

（c）工作标准体系

应当规范各层次岗位人员的工作，包括决策层工作标准、管理层工作标准和操作层工作标准。

（2）工作标准要求

企业的标准与规范，尤其是工作标准与规范是企业智慧的结晶和经验的总结与升华，是企业可持续发展最可宝贵的资源！只有制订规范各层次岗位行为的工作标准和规范，才能保证技术标准和管理标准的有效实施，从而避免因人而异的低水平重复。

工作标准应当按照专业岗位的职责、要求、工作方法、技能以及检查、考核要求对岗位需要统一的事物与概念制定的工作标准，有效控制专业岗位的工作质量。离开配套的工作标准体系，企业的技术标准与管理标准很难有效实施。

资深职工应当编制本岗位的工作标准，不能仅靠言传身教带领新职工。否则高学历的一代新人，只能依靠模仿和悟性，要经过长时间的摸索才能进入独立工作。型号产品研制单位，决不能采用中世纪老作坊"师带徒"的传授模式。

（3）法治建设途径

（a）提升标准化管理职能

企业的标准化管理应当包括综合标准化管理和型号标准化管理两大部分，不应局限于型号研制技术标准体系管理，对于企业的管理标准体系与工作标准体系应当力求配套健全。有了与工作岗位职能、技能密切相关的工作标准体系，技术标准与管理标准才能得到有效的实施，适应现代企业实行"法治"管理的体制要求。

标准化关系到企业的运营实行"人治"还是"法治"的体制问题，标准化管理部门应当行使企业"立法"与"执法"管理的职能，按照企业运营管理要求给标准化管理赋予应有的权威职能，不能与标准资料管理混在一起，必须纳入质量管理部门。

（b）制定型号可靠性标准体系

企业应当逐级建立健全的"标准化技术委员会"，由企业行政管理与型号研制的资深专家组成"专业组"与"总体组"。其中"总体组"在学习国家相关法规和标准的基础上，针对企业运营和发展的需求，经过调研、编写"可靠性标准体系"的初稿、征求意见稿和审批稿。经过广泛征求意见与逐步评审，制定正式的标准体系，包括技术标准体系、管理标准体系和工作标准体系的结构方框图和配套的标准项目表，同时要实施动态管理定期修订，作为指导企业标准化、法治化建设的基本依据。

可靠性标准体系层次结构的方框图，如图 8 - 2 所示。

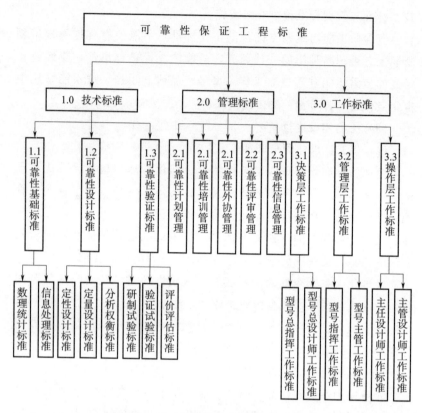

图 8-2　可靠性标准体系方框图

（c）制定与实施标准编修计划

按照国家相关标准要求，根据"企业标准体系"中各类标准项目的轻重缓急和资源条件，编制企业标准制订规划、年度实施计划和相应的资源保障。其基本实施原则为：以原有三大规范为基础，逐步编修缺少和过时的技术标准；严格按照标准编制程序，对已有管理文件与程序文件进行补充和完善，经过相关专家评审，提升为相应的管理标准；逐步编制决策层、管理层与操作层各层次独立岗位的工作标准。

在企业标准编修过程中，技术标准和管理标准按照基层单位和管理机关的职责分别落实编制任务；工作标准按照现有决策层、管理层和操作层的岗位设置分别落实编制任务。按照标准编制管理程序逐级审查，同时要充分利用内部网络广泛征求意见，企业标准化技术委员会的"专业组"负责相关标准的审定。其中工作标准的内容应当按照国家相应标准的要求，充分总结本岗位的经验和教训，明确在执行技术标准和管理标准时，相应工作岗位应有的职责、内容、要求、方法、岗位技能、检查与考核相关的重复性行为与概念，作为规范每一岗位工作的依据。

（d）建立相应的激励机制

可靠性保证工程是全新的复杂系统工程，同时做好产品设计和可靠性设计，需要付出加倍的劳动，应当建立系统有效的激励机制。

首先组织制定"企业标准制订管理要求"，明确按照国家法规要求编制相关标准是企业每一员工的职责和义务，是实现企业"法治"管理、实践科学发展的基础建设工作。分别规定技术、管理和工作三大标准体系的编制程序、质量要求、审批权限与激励机制。

在编修标准过程中，要充分利用信息网络广泛征求每一相关专业和工作岗位的意见，标准文稿和反馈意见经过标委会或科技委相关专业审查后存入档案，将编制文稿和反馈意见的质量与水平列入业绩考核项目。对于提出重要改进意见或创造性思维人员，作为业务水平、绩效考核和职称评定的重要依据，在基础建设和人才成长两方面同时建立有效的激励机制。

在标准实施过程中，对于提出重要修改或创新方法的人员，都视为企业基础建设的"功臣"，要及时给与应有的奖励，摆脱低水平设计疲于归零的恶性循环，让致力于标准编制推进法治的人员更有尊严、更有效益、更有奔头。

（e）实施法治效果预测

企业建立包括技术标准、管理标准与工作标准的完整配套的标准体系，尤其有了所有岗位的工作标准，新职工可以很快胜任本职工作，有效避免因人而异的低水平重复性质量问题。各层次人员都能按照标准有序、高效地进行工作，并在编修标准中尽显才干和水平。

企业在"出成果"的同时"出人才"，不断总结经验教训编修企业标准，充分体现人才在决策、管理与工作中的水平，逐步积累系统完善的技术标准、管理标准和工作标准，经过不断的补充和完善，深入推进企业法治建设，持续改进企业管理水平。

在市场竞争和新老代谢中，尽管常有人才流动，但是有了沉积深厚的技术底蕴——体现人才决策、管理和工作水平的标准体系，企业就有了全面实施法治、持续高效发展的最宝贵资源，企业就能获得最佳的工作秩序和最好的运营效益。

8.1.4　标准化工作要点

（1）标准化工作要求

在型号研制中，只有各阶段、各岗位和各层次产品的输入、输出、内外过程控制都执行相关标准，并且都有标准可依才能称为标准化。可见，标准化是所有质量特性保证的工作基础。

国家相关法规与标准，对型号研制的标准化提出一系列明确要求，其中对标准化工作策划和型号标准化工作要求概述如下。

（a）标准化工作策划要求

标准化设计策划的主要内容是：制定型号标准化大纲，确定型号标准化目标和原则，确定重大标准贯彻、实施要求以及制定与采用标准的要求。

其中的标准化目标包括标准化水平目标（包含标准化水准、系数与程度）、标准化效果目标（包含军事、技术与经济效果）和标准化任务目标（包含制定、修订与贯彻标准的目标）。

标准化目标的表达方式包括定量要求（包含节约经费、缩短周期、贯彻标准数量等）与定性要求（包含实施标准范围与达到水平、提高型号质量与性能）。

（b）型号标准化工作要求

1）论证阶段。分析国内外相关标准化信息，结合型号特点，配合使用部门提出标准化定量、定性要求的建议。

2）方案阶段。对标准化要求进行分析、论证，包括对标准化目标——可能性及途径分析、实施重要标准的必要性与可行性、实施标准的难点及解决措施、贯彻"三化"的必要性与可行性分析、急需补充制订的标准项目分析，以及标准化投资与节约效果预测。

3）确定标准选用范围。根据相关标准要求选用型号研制适用标准。在引用通用标准目录的基础上，结合产品特点按专业自下而上分析统计，选择和补充需要或应当实施的相关标准，编制型号研制重点实施标准选用范围，以及标准件、元器件、原材料选用范围。

4）开展"三化"设计。在型号研制过程对各层次产品分别进行进行"通用化、系列化、组合化（模块化）"必要性与可行性的分析论证，遵循"基本型、系列化"原则，执行和发展系列型谱，策划"三化"途径，进行"三化"设计。

5）外协标准化要求。对外协产品提出相应的标准化要求和过程保证要求，并对其研制过程的标准化工作实施及时有效的监督检查。

6）标准化工作报告。在型号研制转阶段和设计定型时，编写产品相应的标准化工作报告，总结和分析标准化工作情况，及时发现与解决存在问题。

（2）标准化设计要点

型号标准化设计的重点是"三化"设计，对型号的产品进行通用化、系列化、组合化（模块化）设计，是标准化在系统工程中的应用发展和集成形式。

完善的"三化"设计，可以简化"复杂性"，预防"盲目性"，能以最少的人力、最低的成本和最短的周期实现最可靠的产品。

型号的"三化"设计要求、"三化"设计原则与"三化"设计要点如下。

（a）"三化"设计要求

1）通用化。以产品功能和结构的互换性为基础，将同一层次任一单元不加改动替换另一单元就能满足同样使用要求，尽可能地扩大同一标准化单元的使用范围，实现型号的横向标准化。

2）系列化。根据同一类产品的发展规律和使用要求，将其主要参数或性能按照一定序列进行科学合理的安排或规划，并对其特征参数进行统一规定以便形成系列型谱，用以指导该类产品的设计和发展，实现型号的纵向标准化。

3）组合化（模块化）。对一定范围内不同层次的产品进行功能分析，在分解的基础上，划分出一系列通用单元或标准单元——模块。重复利用通用或标准的模块，拼合成满足不同需求并具有新功能的产品，实现型号的纵、横综合标准化。

（b）"三化"设计原则

1）覆盖性原则。凡是预研、研制和改研的各类型号都要贯彻"三化"指导思想，型号各层次产品在各研制阶段均应遵循承上启下、承前启后"三化"设计原则。

2）继承性原则。在满足技术要求的前提下，要首先直接选用已有产品和"三化"成果，或充分利用已有的成熟技术和定型产品。同时按照"三化"原则尽可能扩展"三化"产品。

3）系统性原则。应遵循"基本型、系列化"的原则，通过组合化"模块化"设计，选用通用分系统和设备，实现"一弹多型、一机多用"。

4）承上启下原则。应按系列型谱中选择的下一层次通用产品，或提出相应系列型谱的要求。对于尚无系列型谱的产品，也要考虑有利于将来形成系列型谱提出要求。

5）承前启后原则。对于元器件、零部件，应当尽可能实现通用并形成系列。在专用器件设计中，要尽量选择通用的结构、尺寸和通用的材料及其品种与规格，为"三化"设计奠定技术基础。

（c）"三化"设计要点

1）基本方法。在满足要求的条件下，各层次产品都要尽可能地选用已有的"三化"产品，同时按照三化方法开发"三化"产品。根据 QJ 964A 要求，对各层次产品进行通用化、系列化、组合化（模块化）设计。

2）通用化设计。在满足同样要求的前提下，尽可能地扩大产品功能和结构的互换性，将不同系列同一层次的产品设计成可以不加改动就能直接替换相应产品，尽可能地扩大同一标准化单元的使用范围，实现"一机多用"、"一弹多用"，同时对各层次产品尽量选用通用化、系列化的零、部、组（整）件。

3）系列化设计。对于各层次产品综合考虑继承和发展，按照特征参数的系列型谱进行开发设计。至少考虑同一类产品性能或结构特征参数的发展规律和使用要求，在今后的发展中有利于形成科学合理的系列型谱。同时要让每一规格产品都有一定范围的通用性。

4）组合化（模块化）设计。尽可能采用以通用单元或模块为基础进行组合设计。对一定范围内的不同产品进行功能分析和分解，设计出一系列通用模块或标准模块。然后选取一定数量的通用模块，补充必要的专用模块和零、部件后进行组合设计，以构成满足不同需要的产品。

8.2　可靠性工程发展

8.2.1　可靠性设计的发展

根据相关论著介绍，先进国家武器装备的可靠性设计，已经突破传统的理念与方法，采用综合论证过程和整体效能分析，实现设计领先和有效预防，其要点如下。

（1）综合论证过程

在装备论证中，制订并实施可靠性、可用性、维修性和保障性

（RAMS）的综合论证程序和要求，充分利用多学科的协同效应获得整体性能最优的设备。

在工程设计综合化的环境下，使可靠性、维修性与保障性（RMS）的设计分析、试验评估、后勤保障和信息利用综合化。将仿真与虚拟现实技术用于指标论证、方案权衡、分析与设计、验证与评价以及 RMS 与技术性能的权衡研究直至维修培训，以提高设计与分析精度、缩短研制周期、减少寿命周期费用、提高战备完好性。使研制单位与作战使用部门在 RAMS 论证过程中进行交流和权衡，确保选取 RAMS 参数要求与作战效能直接联系。

对可靠性与维修性通过综合权衡设计，采取适当的维修性措施，可以保证必要的使用可靠性要求。使得产品在规定的条件下、规定的时间内，按照规定的程序和方法维修时，达到保持或恢复规定状态的要求，在寿命周期内使保障费用最低。可靠性 R、维修性 M 与全寿命周期费用 C 的关系如图 8-3 所示。

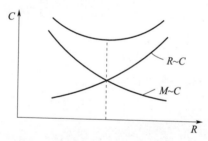

图 8-3　可靠性 R、维修性 M 与全寿命周期费用 C 的关系图

（2）整体效能分析

在装备设计中进行整体效能（OEE）分析，同时考虑装备的可用度、性能比和优质率，以取得最佳效费比。在研制过程早期开展可靠性设计，充分了解作战使用环境，深入分析潜在的故障机理和可能的故障部位并采取预防措施，实现设计领先。

可靠性工程的重点从描述失效发生的概率转向预防失效的方法，更加重视适用的低层次产品高加速应力试验技术。减少对可靠性预计的依赖，可靠性预计的基础已从传统的以元器件失效率为主转向软件缺陷、硬件的协调因素、器件使用与工艺缺陷为主要因素。

广泛应用计算机技术，在 RMS 领域实施系统管理、设计分析、故障诊断和维修的智能化专家系统，提高武器装备的整体效能。

8.2.2　可靠性试验的发展

在试验技术上，先进国家已从 20 世纪 40 年代的单项应力试验、70 年代的综合应力试验发展到 90 年代兴起的强化应力试验，从传统的模拟环境试验发展到强化应力加速试验，在短时间内获得早期高可靠性，其要点如下。

（1）加速试验

传统的可靠性试验采用模拟环境条件，要求首选实测环境，然后依次采用参照环境和计算环境，难以获得真实的极限环境。因而对零部件级产品广泛采用比正常使用更加严酷的环境进行试验，在给定时间内获得更多的可靠性信息。其技术基础必须了解产品在加速环境应力下预期的失效机理。

（2）高加速寿命试验（HALT）与高加速应力筛选（HASS）

试验中施加步进应力，在远大于技术条件规定的极限应力条件下进行试验，找出产品的工作极限或损坏极限。再根据 HALT 确定的极限应力来制订高加速应力筛选方案，剔除生产制造缺陷，使产品快速达到高可靠性。

（3）可靠性强化试验（RET）

在设计完成后正式投产前，对试制产品进行步进综合应力试验直至出现破坏极限、预期余度或非正常失效，找出设计薄弱环节，采取改进措施，获得预期的高可靠性。

8.2.3　可靠性管理的发展

先进国家对武器装备实行全寿命、全系统和全费用的法治化综合管理，对型号研制人员实施矩阵式管理，提高管理和设计人员的可靠性素质，开展对已经交付产品的使用可靠性分析，加大对高可靠性设计的激励力度，其中重点推进如下工作项目。

（1）提高可靠性设计能力和水平

可靠性的根本保证在于设计，尤其要按照专用的可靠性设计准则进行定性设计和其中的耐环境设计。大型复杂产品的设计缺陷绝非有限的模拟试验所能发现，可靠性的早期投入效益最高。

（2）推行可靠性强化应力试验

由于飞行试验的环境无法控制，模拟真实使用环境应力进行可靠性验证试验的难度大、进度慢、效率低，没有余度的模拟试验不能保证全寿命期的可靠性，广泛实施强化应力可靠性试验。

（3）强化可靠性管理的有效性

全面落实型号可靠性保证工程的项目与要求，加强可靠性设计过程所需资源保障力度，杜绝"问题管理，试验为主"，实施"系统管理，预防为主"，从事可靠性设计的人员要有 20 年以上的产品设计经历，让可靠性设计成为最有尊严、最创效益的专业岗位。

参 考 文 献

[1]   GJB 450A—2004. 装备可靠性工作通用要求.

[2]   GJB 451A—2005. 可靠性维修性保障性术语.

[3]   GJB 1405A—2006. 装备质量管理术语.

[4]   GB/T 13016—2009. 标准体系表编制原则和要求.

[5]   GB/T 13017—2008. 企业标准体系表编制指南.

[6]   GB/T 15496—2003. 企业标准体系：要求.

[7]   GB/T 15497—2003. 企业标准体系：技术标准体系.

[8]   GB/T 15498—2003. 企业标准体系：管理标准体系和工作标准体系.

[9]   GB/T 19273—2003. 企业标准体系：评价与改进.

[10]   GJB 6000—2001. 标准编写规定.

[11]   GJB 9000B—2009. 质量管理体系要求.

[12]   GJB 1405A—2006. 装备质量管理术语.

[13]   QJ 893A—1999. 标准选用及更新代替的有关规定.

[14]   QJ 964A—1999. 航天产品设计标准化实施指南.

[15]   QJ 2171A—1998. 航天产品保证要求.

[16]   QJ 2668—1994. 航天产品可靠性设计准则：电子产品可靠性.

[17]   GJB 450A—2004. 装备可靠性工作通用要求.

[18]   GJB 451A—2005. 可靠性维修性保障性术语.

[19]   王琳，仲崇斌，等：可靠性文摘. 中国航天科工集团公司质量技术部，2005.

[20]   何国伟. 可信性工程（第二版）[M]. 北京：中国标准出版社，2008.

后　记

本人自从 20 世纪 60 年代初参加工作以来，一直从事型号系统工程的总体策划、分解与集成。在 80 年代初上了本单位的可靠性学习班和中央台的可靠性函授班，随后开始兼做系统可靠性总体设计，参照美国军用标准 MIL－STD785B 编写型号可靠性大纲并进行可靠性分配。在国家军用标准 GJB 450－88 颁布之后，又修订了型号可靠性大纲。随着维修性、安全性、质量保证等军用标准的陆续发布，我的专业范围从系统总体设计逐步扩展到与可靠性相关的质量特性总体设计。同时兼任多专业的总体设计，工作异常紧张繁忙。

当时，别的型号都有可靠性专业人员，只因本型号分来的可靠性研究生“跳槽”出国了。领导说“没有人做的工作型号总体都得做”，只好怀着敬畏心、报国情，努力完成任务，一直工作了几十年。既没想到成为专家，更没想到著书立说，从被动接受任务到逐渐成为主动做好工作。到了 21 世纪初，由于长期从事型号质量保证与系统可靠性等质量特性的总体设计，逐渐积累了较多的可靠性工程知识，便开始进行相关专题研究、编写科技报告与总体设计标准，以及参加型号质量评审和接受内外技术咨询。

在总体设计单位工作期间，相继完成型号的《系统设计质量典型案例统计分析》、《型号可靠性工程指南》、《型号综合保障技术研究》、《型号总体标准体系研究》等专题研究，编写了多项总体设计的国防科技报告与总体设计标准，先后被聘为中国航天科工集团公司多个部门和院内多个型号的专家以及多个单位的技术顾问。在多专业研究工作和多型号技术咨询中，学习了大量的相关标准，了解到许多型号研制情况，逐步认识到现代质量理念，从而领悟到系统可靠性保证工程存在的共性问题和解决途径。

　　系统可靠性保证工程常见的共性问题是：工程基础比较薄弱，人员素质急待提高；产品设计人员没有成为可靠性工作的主体，可靠性设计存在"两张皮"现象；忽视可靠性定性要求的落实，设计过程缺少规范化的质量保证，就可能出现低水平重复性故障；在可靠性工程基础薄弱和人员素质较差的条件下，只重视可靠性定量要求的验证，就会被迫采用"凑数据"的评估方法。

　　系统可靠性保证工程的有效性问题，根本原因在于缺少现代质量理念和法治保证途径。在型号研制过程中，必须将可靠性真正作为产品的固有质量特性，不能偏重产品传统的功能特性，忽视以可靠性为基础的通用特性。可靠性设计应当实施法治化的过程控制，依靠有限条件和有限数量的研制试验难以验证以数理统计为理论基础的可靠性，保证型号全寿命的可靠性要求。

　　在集团内外多型号质量评审和多层次培训授课过程中，阐述型号可靠性保证的现代质量理念、法治工程途径和实用工作要点，得到相关管理部门和型号研制人员的广泛认同和热情鼓励，认为本人的特殊阅历所沉积的认知来之不易，希望看到系统的可靠性保证工程论著，从而逐渐产生了编著《系统可靠性保证工程》一书的想法，将长期积累的工作经验、研究报告和培训讲稿整编出来，奉献给从事型号研制的决策、管理和设计人员以及相关的研究与教学人员。

　　书成之日，欣喜异常。由衷感谢所在研究室、设计部、研究院和集团公司的相关领导对我的长期理解和寄托。在我年交花甲之后，还相继延聘 6 年、返聘 6 年，又特聘 3 年作为内外咨询的技术顾问。今年虽已年近八旬，仍然作为集团公司在设计部的挂职专家。报国强军有己任，位卑未敢忘国忧。因而不揣浅陋，潜心编著此书，谨以奉献五十年认知，了却有生年心愿。

江苏涟水　刘建同

2014 年 10 月于北京